普通高等学校工程训练"十四五"规划教材

普通高等学校工程训练精品教材

U0225282

工程训练——
3D 打印与创新设计分册

主　编　蒋国璋

副主编　刘　翔　鲍开美　沈　阳
　　　　余竹玛　段现银　郑　翠

参　编　熊　巍　陈　静　刘苗苗

华中科技大学出版社

中国·武汉

内 容 简 介

本书是根据高等院校卓越工程师人才培养目标,结合创新型工程技术人才培养实践类课程教学的特点,参照当前有关技术标准编写而成的。本书分为三章,分别介绍了 3D 打印基础知识、3D 打印工艺过程以及 3D 打印创新设计。为帮助读者迅速掌握 3D 打印设计方法及操作流程,本书设计了丰富的案例,案例的叙述浅显易懂,便于读者实际操作。

本书可作为高等学校机械类及近机械类专业实践类课程教材,也可供工程技术人员或3D 打印爱好者参考。

图书在版编目(CIP)数据

工程训练. 3D 打印与创新设计分册 / 蒋国璋主编. -- 武汉:华中科技大学出版社,2024.8. -- ISBN 978-7-5772-1056-8

Ⅰ. TH16

中国国家版本馆 CIP 数据核字第 2024F32P58 号

工程训练——3D 打印与创新设计分册　　　　　　　　　　　　蒋国璋　主编

Gongcheng Xunlian——3D Dayin yu Chuangxin Sheji Fence

策划编辑:余伯仲
责任编辑:吴　晗
封面设计:廖亚萍
责任监印:朱　玢
出版发行:华中科技大学出版社(中国·武汉)　　　电话:(027)81321913
　　　　　武汉市东湖新技术开发区华工科技园　　　邮编:430223
录　　排:武汉三月禾文化传播有限公司
印　　刷:武汉市洪林印务有限公司
开　　本:710mm×1000mm　1/16
印　　张:8.5
字　　数:137 千字
版　　次:2024 年 8 月第 1 版第 1 次印刷
定　　价:19.80 元

普通高等学校工程训练"十四五"规划教材
普通高等学校工程训练精品教材

编写委员会

主　任：王书亭（华中科技大学）

副主任：（按姓氏笔画排序）

于传浩（武汉工程大学）　　　　刘怀兰（华中科技大学）

江志刚（武汉科技大学）　　　　李　波（中国地质大学（武汉））

李玉梅（湖北工程学院）　　　　吴世林（武汉纺织大学）

吴华春（武汉理工大学）　　　　沈　阳（湖北大学）

张国忠（华中农业大学）　　　　罗龙君（华中科技大学）

孟小亮（武汉大学）　　　　　　贺　军（中南民族大学）

夏　星（湖北工业大学）　　　　蒋国璋（武汉科技大学）

漆为民（江汉大学）

委　员：（排名不分先后）

徐　刚　吴超华　李萍萍　陈　东　赵　鹏　张朝刚

鲍　雄　易奇昌　鲍开美　沈　阳　余竹玛　刘　翔

段现银　郑　翠　马　晋　黄　潇　唐　科　陈　文

彭　兆　程　鹏　应之歌　张　诚　黄　丰　李　兢

霍　肖　史晓亮　胡伟康　陈含德　邹方利　徐　凯

汪　峰

秘　书：余伯仲

前　言

为了满足新形势下高等院校卓越工程师和创新型工程技术人才培养要求，在总结近年来创新型人才培养改革取得的成果基础上，来自武汉科技大学、武汉理工大学、湖北大学、中南民族大学等多所院校从事 3D 打印实践教学的一线教师编写了本书。

本书在内容的选择上注意与新工科对创新型工程技术人才培养的需求紧密结合，分为理论、实践和创新三个部分。其中，理论部分较为全面地介绍了 3D 打印的原理、方法、材料、应用与发展，力求帮助读者对 3D 打印建立起较为完备的知识架构；实践部分由浅入深，通过案例式叙述引导读者深入理解 3D 打印工艺过程，并掌握有关操作技能；创新部分给出的案例均具有一定的创意与难度，编者力图通过这些案例引导读者发散思维，培养创新设计能力。

本书由蒋国璋担任主编，由刘翔、鲍开美、沈阳、余竹玛、段现银、郑翠担任副主编。具体编写分工为：第 1 章由武汉科技大学段现银、郑翠编写；第 2 章由武汉科技大学刘翔、武汉理工大学鲍开美编写；第 3 章由湖北大学沈阳、中南民族大学余竹玛编写，全书由武汉科技大学蒋国璋定稿。

本书的编写得到了湖北省高等教育学会金工教学专业委员会以及各参编院校领导的大力支持，在此表示衷心的感谢！

由于编者水平有限，书中难免有错误和不妥之处，恳请读者批评指正。

编　者

2024 年 1 月

目 录

第1章 3D打印基础

众所周知,喷墨打印机打印的是平面图像或文本,平面图像或文本由一个个纯颜色像素点拼接而成,每个颜色值可用一个坐标点标记并被记录存储下来。打印机喷头在平面自由移动,并在记录的像素坐标点喷出应有的"像素",即完成打印,如图1-1、图1-2所示。

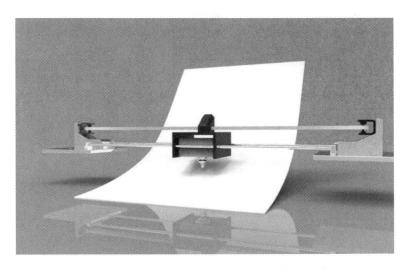

图1-1 喷墨打印机的工作原理

在打印过程中,纸张被打印机里的进纸滚轮带动,做Y轴的移动;喷头左右移动,做X轴的移动。这样一张平面图像或文本就被打印出来了。

但喷头是靠什么带动的呢? 答案就是同步带(也称齿带),如图1-3所示。同步带和齿轮配合,带动喷头左右移动完成喷墨。

平面打印的载体是纸,使用的打印材料是颜料,而立体物品的3D打印则要使用可堆积的材料,一般为热塑性塑料,如图1-4所示。这种塑料一旦加热就变

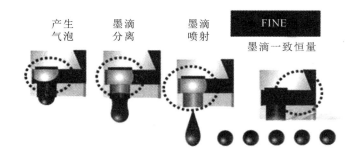

产生 气泡　墨滴 分离　墨滴 喷射　FINE

墨滴一致恒量

图 1-2　打印机喷墨过程

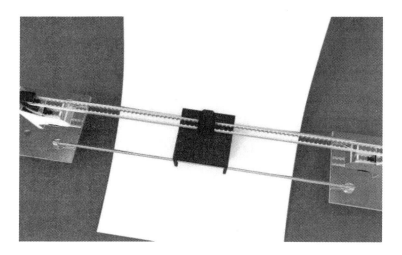

图 1-3　同步带

成熔融状态,冷却后可以定形。

有了打印材料,接下来需要载体,如图 1-5 所示的小钢板是 3D 打印中常用的载体。

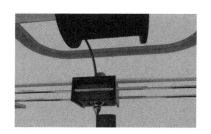

图 1-4　3D 打印常用的材料

图 1-5　小钢板

在来回移动的喷头组合体上，在竖直方向加入一根丝杠，丝杠由电机带动旋转，使喷头实现 Z 轴方向移动，如图 1-6 所示。建模完的空间直角坐标系如图 1-7 所示。

图 1-6　丝杠

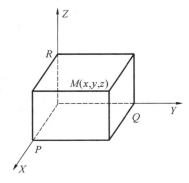

图 1-7　空间直角坐标系

图 1-8 展示了上述 3D 打印机的整体效果。

接下来在打印机上装上打印材料，如图 1-9 所示。

图 1-8　组合出来的 3D 打印设备

图 1-9　装上打印材料的 3D 打印机

可以发现，3D 打印就是把热塑性塑料熔化，然后在喷头处喷出细丝线，一层一层向上叠加，如图 1-10 所示。本质上来说，3D 打印仅仅组合了一层一层的平面，使之变为立体。

在 3D 打印中，使用的打印文件是怎样的呢？图 1-11 所示是在工业设计和建筑中都很常用的犀牛（Rhino）建模软件的建模示例，常用的软件还有 Solid-Works 这种以零件制造和装配为特长的建模软件，如图 1-12 所示，这两种都是偏向工程应用的建模软件，另有艺术性较强的建模软件，如 3Ds Max 和 MAYA

图 1-10　软件模仿 3D 打印原理

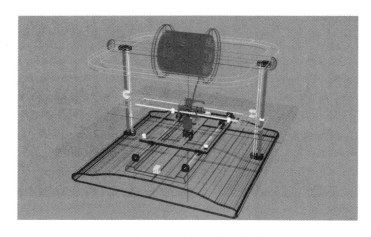

图 1-11　犀牛建模示例

等。尽管这些软件的建模原理并不完全相同,但是核心无非是以面成体,所以建模软件的工作模式也是如此,所有的建模软件都有一个最基本的指令——挤出,如图 1-13 所示,通过挤出指令可以完成从面到体的设计。

无论是犀牛的 3DM 格式,还是 3Ds Max 的 MAX 格式,或者是其他类型的三维 CAD 设计格式,我们都可以用各自的软件将其另存为 STL 格式,如图1-14所示,也就是适用于 3D 打印的格式。

接下来只需要将 STL 格式的文件导入驱动软件中,就可以开始打印了。

图 1-15 所示的是一种低精度 3D 打印的驱动软件界面,在该软件中,用左上的圆盘可以调试 X、Y、Z 轴的移动速度,左下的按钮可以控制打印时的温度。

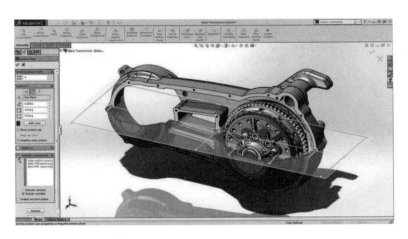

图 1-12　利用 SolidWorks 装配零件

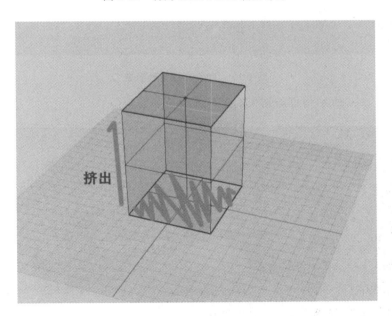

图 1-13　用一个面在 Z 轴拉伸形成体的挤出过程

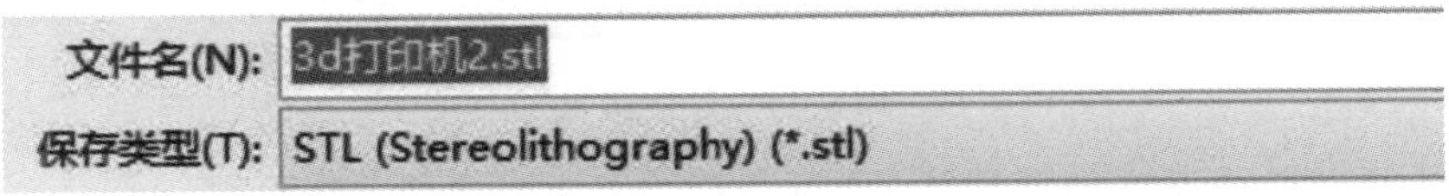

文件名(N):	3d打印机2.stl
保存类型(T):	STL (Stereolithography) (*.stl)

图 1-14　3D 打印的常用格式 STL

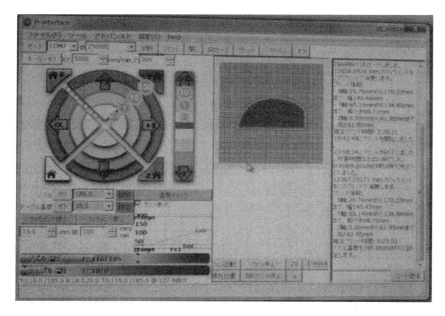

图 1-15　打印时的各种参数

如图 1-16 所示是打印结束时的状态。

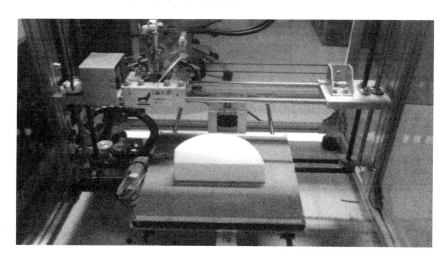

图 1-16　打印结束

上面就是最基本的低精度 3D 打印机的工作原理和工作流程。

1.1　3D 打印概述

1. 什么是 3D 打印

3D 打印也称增材制造或者快速成型,美国材料与试验协会增材制造技术委员会(American Society for Testing and Materials. F42,ASTM F42)给出的定义是:一种与减材制造相反,根据三维数据把材料集中为一体的生产过程。按照这一定义,增材制造必须由数据驱动,即以计算机三维 CAD 设计数据为基础,依据三维 CAD 数据采用逐层累加的方法将材料制作成实体零件,相较于传统的材料去除(切削加工)技术,它通常是"自下而上"的材料逐层累加的过程。这里,我们定义 3D 打印是指以数字模型文件为基础,采用打印设备将打印材料逐层堆积黏合形成物体的技术。

3D 打印流程一般包括三维建模、数据处理、打印和后处理四个步骤。前三个步骤相辅相成,任何一个环节存在问题都会影响打印的最终结果。后处理步骤更多采用传统加工方式改善打印物品的外观和特性。3D 打印所涉及的技术和领域非常广泛,行业内的关注点普遍集中在打印步骤。3D 打印的核心技术大多也围绕着打印步骤发展。

3D 打印融合了新材料技术、计算机辅助设计和制造技术、数控技术、计算机图形学、激光技术等诸多工程技术的先进成果。3D 打印技术与传统机械切削加工技术不同,它不需要任何工装模具,能自动、快速、准确地将三维设计转化成产品模型或直接制造出零件,3D 打印缩短了试制周期,节省了模具成本,因此具有较高的经济效益。

2. 3D 打印的技术优势

1)快速成型

与机械加工相比,3D 打印不需要模具,也不需要切削加工,可由计算机上设计好的三维图形直接生成产品原型或零件。只要软件能建模的图形,3D 打印机都可以打印出来,从而满足产品个性化需求。3D 打印可以同时制作多个零件,制造零件的速度更快,从而可以更高效地完成每个设计。后期辅助加工量小,避免了委外加工的数据泄密和时间跨度长的问题;同时也避免了后续加工过程的误差累积,精度更高。3D打印尤其适合高端精密零件的制造。

2)有效控制成本

传统的制造方法就是将一个毛坯通过传统加工方法加工成所需零件,或者把金属和塑料熔化浇注进模具铸造成零件,对于复杂的零部件来说,采用传统方式加工起来非常困难,成本也高。而对于3D打印,只要掌握相关技术和工艺,就可以直接打印该产品,不仅制作方便,还可以有效降低和控制生产成本。

3)设计灵活

3D打印技术提供了较大的设计自由度,能生产具有复杂几何形状的组件。传统的制造方法有时候因为技术限制难以实现一些复杂的几何形状。3D打印技术可以加工传统方法难以制造的零件,并且难度相对于打印简单物品不会增加太多,只需要保证零件的厚度,所有的结构都能打印出来。因此可以设计更复杂的造型。

4)产品制造周期短,制造流程简单

传统工艺往往需要模具的设计和制作等工序,并且通常需要在机床上进行二次加工,制造周期长。3D打印直接从CAD软件的三维模型数据得到实体零件,在多品种、小批量和快改型的现代制造模式下,极大地缩短产品开发和试制周期,节约成本。随着桌面级3D打印机的发展和普及,用户在家里就可实现产品自由制造,省去了设计制造后装配、物流、仓储、销售等环节,简化了零件的生产过程,大大节省时间成本和物流成本。

5)节约生产材料

传统的加工方法是减材制造,对毛坯材料进行去除和切削加工,会产生大量的废弃物。3D打印是增材制造,制作零件是自下而上通过材料累加来实现的,只需要模型本身所需的材料和少量的支撑材料,不会造成材料过多的浪费,符合可持续发展国家战略。

6)方便携带且可移动

传统的生产设备一般不可随意移动,运输和售后很麻烦,且制作产品的大小受设备空间制约。3D打印机携带和移动方便,可以生产比打印机机身大的产品。相比传统生产设备,3D 打印机体积要小得多,桌面级 3D 打印机能实现家用和办公用,不需要专门的场地。

1.2　3D 打印基本流程

1. 3D 打印工艺链

与其他生产过程一样,工艺规划是 3D 打印过程中重要的准备工作。在 3D 打印工艺规划过程中,需要列出 3D 打印的工艺链。3D 打印技术不论采用何种工艺方法,都基于相同的基本原理,都有相似的工艺链,打印流程均包括四个步骤:三维造型、数据处理、成型过程和后处理。

三维造型主要是运用计算机辅助设计功能进行 3D 形状几何建模,将创新设计转化为三维数字模型,这一步需要用到安装有计算机辅助设计建模软件的计算机。3D 打印工艺规划过程还需要检查并决定影响各个操控性的因素和参数。数据准备处理是对模型数据进行预处理,包括模型制作的摆放和取向、分层处理和添加支撑等内容,数据的预处理是影响零件质量和成型效率的重要因素。成型过程是按照设定工艺参数启动设备,将预处理后的模型数据导入 3D 打印设备进行打印的过程。后处理是对打印完毕的产品进行修复完善,包括去支撑、抛光打磨、上色等。根据成型件质量要求,上述步骤可能需要反复进行。

3D 打印工艺链如图 1-17 所示。

2. 三维建模及数据转换

1) 三维建模

建立数字模型是 3D 打印流程的第一步,三维建模即利用三维建模软件生成零件三维数字模型。三维建模方法主要分为两种,即正向建模和逆向建模。

正向建模是根据零件图片、工程图纸等数据信息,在计算机上直接利用计算机辅助设计(CAD)软件等三维建模工具构建零件三维数字化模型,或将已有产品二维视图转换成三维模型。有大量与 3D 打印兼容的专业的 CAD 程序,常

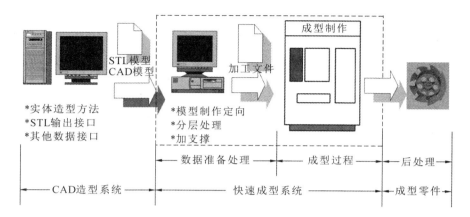

图 1-17　3D 打印工艺链

用三维建模软件有 AutoCAD、CAXA、CATIA、UG、Pro/E、3Ds Max、Solid-Works、MAYA 等。

逆向建模技术是利用三维扫描仪对已有实体零件进行扫描,自动测量得到产品点云数据,然后用 Geomagic Studio 等逆向建模软件对点云数据进行三维重构、错误检查和优化处理得到 3D 模型数据。常见三维扫描仪品牌有 Stein-bichler、GOM、Breuckmann、Artec 3D、Shining 3D。常用逆向工程软件有 Im-ageware、Geomagic Studio、CopyCAD、RapidForm。

2) 数据转换

数据转换是将原始数据信息提取出来并对它们进行处理,使之与目标文件格式的数据和结构之间形成映射关系,从而转换成标准目标格式。目前常见三维模型格式有 3DS、PLY、STL、PTX、OBJ、TRI、ASC、VRML、ALN、AMF 等,可用于 3D 打印的格式有 STL、OBJ、PLY、AMF 等。

STL 格式使用很多三角形面片来近似描述产品模型的表面参数信息,目前已被工业界认为是快速成型的标准描述文件格式。STL 文件格式简单,通用性良好,切片算法易于实现,因此应用广泛,是 CAD、CAM 系统接口文件格式的工业标准之一,绝大多数三维造型系统如 UG、3Ds Max、AutoCAD、MAYA、Pro/E、SolidWorks 等都支持 STL 格式文件的输出。相对于其他数据格式文件,STL 格式文件主要的优势在于数据格式简单,但 STL 模型对 CAD 模型的表面描述存在很多缺陷,比如对几何模型描述的误差大、数据冗余大、文件尺寸大,很难满足高精度零件的加工。此外,STL 格式无法保存模型的颜色、纹理、材质等信息,也无法表达物体的中空结构。

OBJ 格式是由 Alias 公司为 3D 建模和动画软件 Advanced Visualizer 开发的一种标准,不仅适用于主流 3D 软件模型之间的互导,也可以应用于 CAD 系统。但其缺少对任意属性和群组的扩充性,只能转换几何对象信息和纹理贴图信息。

PLY 格式也被称作斯坦福三角格式(Stanford triangle format),是由斯坦福大学的 Greg Turk 等人开发出来的格式。PLY 格式受 OBJ 格式的启发,主要用于储存立体扫描结果的三维数值,通过多边形面片的集合描述三维物体,相对其他格式较为简单,可以储存颜色、透明度、表面法向量、材质坐标与资料可信度等信息,并能对多边形的正反两面设定不同的属性。

AMF 格式是一种基于 XML 语言的文件格式,由美国材料与试验学会在 2011 年 7 月发布,目前最新的版本为 Version 1.1,编号 ASTM F2915-12。该格式弥补了 STL 格式的不足,3D 打印的材料、颜色和内部结构信息可用 AMF 格式存储。

3. 3D 打印过程

3D 打印过程如下:先运用三维造型软件 Pro/E、UG、SolidWorks 等生成三维实体图形,并输出为 STL 文件;然后根据具体工艺要求,将产品三维 CAD 实体模型按一定层厚参数进行分离,变成很薄的二维平面模型;再对数据进行处理,选择合适的成型加工参数,在数控系统控制下自动完成每个薄层的平面加工,基于生长原理一层一层地累加黏结成型,自下而上完成实体零件的制作;最后根据原型件的用途,对原型件进行相关的后处理,比如去支撑、抛光打磨等。3D 打印过程如图 1-18 所示。

打印零件时,首先启动电脑和 3D 打印机,将 3D 模型输入电脑中,然后通过打印机配备的软件对模型进行切片处理。手动设置切片参数,将 3D 模型分成一层层的薄片,每个薄片的厚度由喷涂材料的属性和打印机的规格决定;设计每层打印路径(填充密度、外壳等)和耗材加工量,继而将设计转换成一系列 3D 打印机能直接读取并使用的 G 代码,通过数据线或 SD 卡等将处理好的 G 代码文件直接导入 3D 打印机。

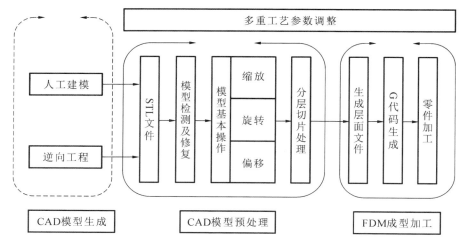

图 1-18　3D 打印过程

将打印所需耗材装入 3D 打印机,接着调试打印平台,设置打印参数,然后开始分层堆积打印。根据工作原理不同,打印机有多种方式将打印耗材逐层喷涂或熔结到工作平台上。如先喷一层胶水,然后在上面撒一层粉末,如此反复黏结成型;或是将高能激光照射到合金材料上,使合金一层一层地熔结成模型。不论是何种 3D 工艺方法,打印材料都是按照横截面轮廓形状分层打印、层层黏合、逐层堆砌,最终形成一个完整的物品,如图 1-19 所示。打印时间由模型空间大小、复杂程度、打印材质和工艺类型决定。

4. 后处理

3D 打印完成后即可对打印物品进行后处理,后处理包括三个步骤。第一步,取下模型。打印完成后模型沉积在打印平台上,贴合较为紧密,需要用铲刀或线切割设备将模型小心铲下来或切下来。第二步,去除支撑和毛刺。在打印一些悬空结构的时候,为了保证打印质量,需要先打印支撑结构,去除支撑材料后会留下一些小毛刺,利用工具去除支撑和毛刺,如图 1-20 所示。第三步,表面处理。去除支撑后的模型,有时需要进行固化处理、剥离、修整、上色等处理,最终得到所需要的模型,后期处理完成后的模型如图 1-21 所示。

后处理方式因 3D 打印机技术而异。光固化成型(stereo lithography appearance,SLA)3D 打印技术要求在模型处理之前在紫外线下固化,金属零件通常需要在烤箱中消除应力,而熔融沉积成型(fused deposition modeling,FDM)

图 1-19　未进行后处理的 3D 打印模型

图 1-20　利用夹钳从模型中去除支撑

技术制作的零件可以直接手动处理。大多数 3D 打印模型都可以打磨,并采用其他后处理技术(包括高压空气清洁、抛光和上色)得到最终打印模型。选择性

图 1-21　用 3D 打印机制作的创意名片夹

激光烧结成型(selective laser sintering，SLS)金属打印物品表面会比较粗糙，需要抛光处理。抛光技术有砂纸打磨、珠光处理和蒸汽平滑三种。除三维喷射成型(three dimensional printing，3DP)技术可实现彩色 3D 打印，其他大部分工艺方法都需要对打印物品进行上色处理，不同材料使用颜料不一样。3D 粉末材料打印完成后，需要通过静置、强制固化、去粉、包覆等后处理来加强模具成型强度、延长保存时间。

1.3　3D 打印主流工艺方法

　　3D 打印按照成型工艺方法不同可分为熔融沉积成型(FDM)、光固化成型(SLA)、选择性激光烧结成型(SLS)、三维喷射成型(3DP)、数码影像投影成型(DLP)等，下面简单介绍这五种成型工艺。

1. 熔融沉积成型(FDM)工艺

　　熔融沉积又称熔丝沉积，打印材料一般是热熔性丝材，如石蜡、ABS、尼龙、低熔点合金丝等。利用电加热方式将喷头内丝材加热熔化，使其呈现半流体状态。喷头在计算机控制下沿 CAD 确认的二维几何轨迹运动，同时将熔化的半流体状态材料从喷嘴挤压出来涂覆在工作台上，材料瞬时凝固形成有轮廓形状的薄层,冷却后形成工件的一层截面。如果热熔性材料的温度始终稍高于固化温度,而成型部分的温度稍低于固化温度,就能保证热熔性材料挤喷出喷嘴后,随即与前一层面熔结在一起。一个层面沉积完成后,工作台按预定的增量下降一个层厚,再继续进行下一层的熔喷沉积,如此循环往复,直至完成所有横截面轮廓的喷涂打印。

将实心丝材原材料缠绕在供料辊上,由电机驱动辊子旋转,辊子和丝材之间的摩擦力使丝材向喷头的喷嘴送进。在辊子与喷头之间有一导向套,导向套采用低摩擦材料制成,以便丝材能顺利、准确地由辊子送到喷头的内腔。喷头的前端有电阻丝式加热器,在其作用下,丝材被加热熔融,然后通过喷嘴涂覆至工作台上,并在冷却后形成制件当前截面轮廓,如图 1-22 所示。

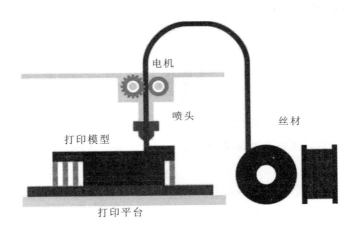

图 1-22　FDM 成型原理

2. 光固化成型(SLA)工艺

SLA 是通过计算机控制激光器发出特定波长与强度的紫外激光,聚焦到光固化材料表面,使光固化材料凝固成型的工艺,该工艺的原材料是液态光敏树脂。紫外激光在计算机控制下根据零件分层截面信息按由点到线、由线到面顺序扫描,扫描区树脂吸收能量产生光聚合反应,完成一层的凝固,然后升降台在垂直方向下降一个层高,再固化另一层,这样层层叠加直至整个零件制作完成。这种方法能简捷、全自动地制造出表面质量和尺寸精度较高、几何形状较复杂的模型。SLA 成型原理与设备如图 1-23 所示。

3. 选择性激光烧结成型(SLS)

SLS 工艺是利用粉末材料(金属粉末或非金属粉末)在激光照射下烧结的原理,在计算机控制下层层堆积成型的工艺。滚动铺粉机构在工作台上均匀铺上金属粉末,并加热至略低于该粉末烧结点温度,激光束在计算机控制下按照零件分层截面轮廓逐点进行扫描,使粉末温度升至熔点并烧结固化成截面形状。完成一个层面后工作台下降一个层厚,滚动铺粉机构在已烧结的表面重新铺粉进行下一层烧结,直至完成整个零件制作,再去掉多余粉末,进行打磨、烘干等适当的后处理,即可获得零件,其原理如图 1-24 所示。

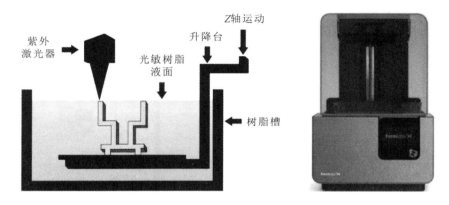

图 1-23 SLA 成型原理与设备

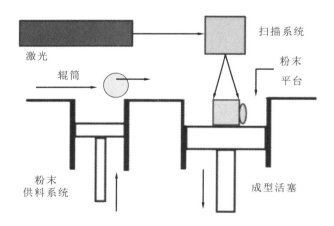

图 1-24 SLS 成型原理

4. 三维喷射成型(3DP)工艺

3DP 成型工艺由美国麻省理工学院开发成功,它的工作过程类似于喷墨打印。目前使用的材料多为粉末材料(如陶瓷粉末、金属粉末、塑料粉末等),其工艺过程与 SLS 工艺的类似,所不同的是材料粉末不是通过激光烧结黏结起来的,而是通过喷头喷涂黏结剂(如硅胶)将零件的截面"印刷"在材料粉末上面。用黏结剂黏结的零件强度较低,还需后处理。后处理过程主要是先烧掉黏结剂,然后在高温下渗入金属,使零件致密化以提高强度。

以粉末作为成型材料的 3DP 的成型原理如图 1-25 所示。首先按照设定的层厚进行铺粉,随后根据当前叠层的截面信息,利用喷嘴按指定路径将液态黏结剂喷在预先铺好的粉层特定区域,之后工作台下降一个层厚,继续进行下一叠层的铺粉,逐层黏结后去除多余底料便得到所需形状制件。

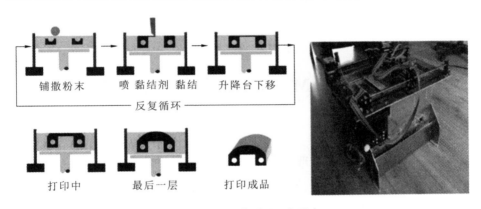

铺撒粉末　　喷 黏结剂 黏结　　升降台下移

反复循环

打印中　　最后一层　　打印成品

图 1-25　3DP 成型原理与设备

5. 数码影像投影成型(DLP)工艺

DLP 使用高分辨率的数字光处理器投影仪,把有轮廓的光投影到液态光敏树脂等感光聚合材料表面,使表面特定区域内的一层树脂固化,从而形成制件的一层截面;然后平台下移一层,在固化层上覆盖另一层液态光敏树脂,进行投影、固化,并牢固地黏结在前一固化层上,这样层层堆叠生成三维工件原型,如图 1-26 所示。DLP 与 SLA 技术相似,都是基于液态光敏树脂在紫外光照射下快速凝固特性。但是,DLP 技术用高分辨率数字光处理器投影仪来投射紫外光,一次投射可成型整个截面,速度相较同类 SLA 快很多。

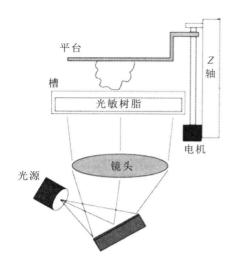

图 1-26　DLP 成型原理与设备

1.4　FDM 3D 打印机原理、结构

1. FDM 3D 打印基本原理

不论何种 3D 打印工艺，都是基于离散、堆积成型原理来制造产品的。FDM 3D 打印机成型过程也是打印耗材的叠加过程。FDM 3D 打印机包括工作平台、送丝机构、挤出机构、动力装置以及完成打印所需的固件和控制系统等部分，如图 1-27 所示，其中，工作平台提供打印场所，送丝机构提供丝材动力，挤出机构负责加热和挤出丝材，步进电机提供动力，控制系统负责控制喷头移动路径。

送丝机构将加工成丝状的热熔性材料（ABS、PLA、尼龙等）送入挤出机构的加热腔内，丝材在加热腔内受热成为熔融状态，上方未熔融的固态丝材将其推出压送到喷头，喷头在控制系统的作用下做 XY 平面运动，挤出半流动的热塑材料沉积在截面轮廓和填充轨迹内部，并在 1/10 s 内固化成精确的模型薄层，覆盖于已建造的模型之上，每完成一层成型，工作台便下降一层高度，喷头

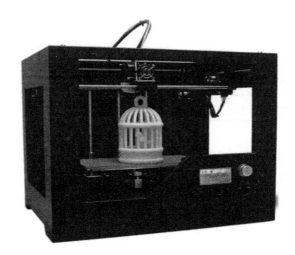

图 1-27　FDM 工艺的 3D 打印机工作原理图

再进行下一层截面的喷丝,如此反复逐层沉积,直到最后一层,这样逐层由底到顶地堆积成一个实体模型或零件。

FDM 成型时,每一个层片都是在前一层上堆积而成,前一层对当前层起到定位和支撑的作用。随着高度的增加,层片轮廓的面积和形状都会发生变化,当形状发生较大的变化时,前一层轮廓就不能给当前层提供充分的定位和支撑作用,这就需要设计一些支撑,以保证成型过程顺利实现。支撑可以用同种材料制作。现在一般都采用双喷头,一个用来喷模型材料制作零件,另一个用来喷支撑材料制作支撑,两种材料的特性不同,制作完毕后去除支撑相对容易。送丝机构和喷头采用推拉相结合的方式,以保证送丝稳定可靠,避免断丝或积瘤。

2. FDM 3D 打印机结构

FDM 3D 打印机主要包括机械系统和控制系统两大部分,单独依靠 3D 打印机的机械系统是无法正常完成打印工作的,3D 打印机还需要控制系统以及相关固件、切片软件等协同工作才能成功完成打印。3D 打印机与计算机相连,计算机切片软件将导入的 STL 格式三维模型进行切片分层,按照设置好的加工工艺参数生成打印机能够识别的 G 代码,然后通过串口通信传递给控制系统,控制系统再发送指令给机械系统,控制打印路径。FDM 打印机系统如图 1-28 所示。

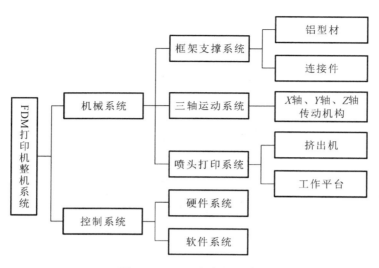

图 1-28 FDM 打印机系统

机械系统是执行打印命令的定位部分,包括框架支撑系统、三轴运动系统和喷头打印系统三个部分。

框架支撑系统是指主机身结构,主要用来支撑导轨和其他零部件等,导轨承载挤出机构进行打印工作。

喷头打印系统包括送丝机构、挤出机构、喷头、工作台、步进电机和散热器等。送丝机构为喷头平稳输送丝材,丝材直径一般为 1～2 mm。步进电机是一种感应电机,根据脉冲信号产生相应位移,驱动送丝机构及螺杆旋转。挤出机构负责加热打印丝材,挤出机构直接影响着打印成型质量。喷头直径为 0.2～0.5 mm,位于挤出机构的底部,用于将耗材挤压成纤维丝并在打印平台上搭建模型。打印平台是承载打印零件的物理平台,为保证初始打印面与打印平台表面牢固黏合,3D 打印机针对工作台普遍采用恒温加热控制。散热器用于给温度过高的部件散热。

三轴运动系统用于完成 X、Y、Z 轴方向的运动,从而定位打印喷头的准确位置。平台实现 X、Y、Z 轴向运动的传动机构为同步带传动机构或滚珠丝杠传动机构以及辅助的引导/支撑结构(例如直线导轨、光轴等)。

控制系统起到控制和监测等作用,与机械系统和软件系统协同完成打印工作。控制器将切片软件生成的坐标指令和数据缓存,然后将 G 代码进行解码,并根据 G 代码中的信息来控制步进电机、挤出机构和散热装置,以达到精准打印的目的。控制系统包括位置控制模块、送丝控制模块和温度控制模块。控制系统的组成如图 1-29 所示。

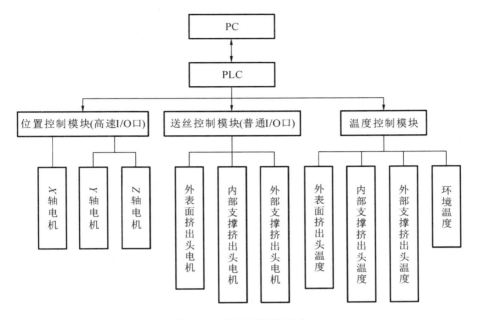

图 1-29　控制系统的组成

位置控制模块:FDM 控制系统的重要组成部分,一般由电机、驱动电路、位移检测装置、机械传动装置和执行部件等部分构成。该控制系统的作用是:接收数控系统发送的位移大小、位移方向、速度和加速度指令信号,由驱动电路进行一定的转换与放大后,经电机和机械传动装置,驱动设备上的工作台、主轴等部件实现打印工作。根据 FDM 成型原理和精度要求,位置控制系统必须满足调速范围广、位移精度高、稳定性好、动态响应快、反向死区小、能频繁启停和正反运动的要求。

送丝控制模块:送丝机构必须提供足够大的驱动力,以克服高黏度熔融丝材通过喷嘴的流动阻力,而且要求送丝平稳可靠,因而选用大功率电机作为驱动装置。送丝速度需要根据工艺要求进行调节,与填充速度相匹配,因此送丝控制系统必须能实时对直流电机进行调节。

温度控制模块:FDM 设备对温度的要求非常严格,需要控制三个温度参数,分别是喷头温度、工作台温度和成型室温度。成形材料的堆积性能、黏结性能、丝材流量和挤出丝宽度都与喷头温度有直接关系。工作台温度和成型室温度会影响成形件的热应力大小,温度太低,从喷头挤出的丝材急剧变冷会使得成形件热应力增加,这样容易引起零件翘曲变形;温度过高,成形件热应力会减小,但零件表面容易起皱。因此,工作台温度和成型室温度必须控制在一定的范围内。

3. FDM 3D 打印机软件介绍

FDM 3D 打印机控制软件是一种自动编程软件,主要功能就是将 STL 三维模型文件转换成 G 代码运动程序,如图 1-30 所示。切片技术是从 CAD 模型到控制驱动 3D 打印机过程中的关键技术。由 CAD 模型到实体模型的过程可以分为离散和堆积两部分,离散过程即对模型进行切片的处理过程;堆积过程就是打印设备根据切片结果提供的 G 代码信息完成打印的物理过程。

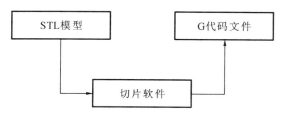

图 1-30 切片的处理过程

切片过程是 3D 打印模型处理的核心,使用的切片算法会直接影响到切片的速度和后期打印的效果。切片所形成的轮廓可能出现冗余、轮廓不清、理论与实际有差距等问题,需要对切片的结果进行优化处理。

下面介绍几种常见的 FDM 3D 打印机切片软件以及软件使用方法。

1)UP 系列 3D 打印机专用软件

UP 系列 3D 打印机专用软件如 UP Studio 是北京太尔时代科技有限公司旗下的 3D 打印机控制软件,能自动生成支撑结构,采用 UP 专用耗材,打印出的支撑非常容易去除。软件还可以协助打印平台微调,操作界面简单快捷,容易使用。同时,软件提供打印预览功能,可以在打印前计算打印时间和耗材使用量。UP Studio 控制软件操作步骤如下。

(1)打开电脑和 3D 打印机,双击电脑上的 UP Studio 图标,进入软件首页,再单击 UP 选项,进入打印机软件操作界面。打印机最左侧有五个按钮,从上到下依次是"添加模型""打印设置""初始化""校准""维护"按钮。

（2）首先初始化，让打印机回到初始位置。

（3）其次校准操作，用来校平工作台，并利用平台上传感器测得喷嘴高度。

（4）然后是维护操作，用来判断喷嘴是否堵丝并解决堵丝问题。

（5）接着是添加模型操作，导入 STL 格式三维数字模型或图片生成的三维浮雕模型并调整模型位置。

（6）最后设置打印密度，控制软件开始计算并生成打印文件，退出打印预览，开始打印。

2）Cura 切片软件

Cura 是由 Ultimaker 公司开发的一款开源的切片软件，功能强大，安装简单，界面友好，切片速度快，设置参数少，容错性好，在 Ultimaker 设备上实现完全预配置工作，适应多种主流机型，因此在 3D 打印中被广泛应用。Cura 切片软件操作过程如下。

（1）打开 Cura 软件，点击左上方"设置"按钮，根据需要添加打印机。

（2）点击"Load"，导入 STL 格式三维模型文件。

（3）调整打印参数，设置层高、壁厚，选中"回退"以避免回丝时混乱，依次设置填充密度、喷头温度、打印速度等打印参数，选择支撑类型和打印材料。

（4）点击右侧的"Layer"查看软件对原始模型的切片情况，外边界以及中间的交叉切片填充情况。

（5）全部设置完成后，点击"Save"，保存成 G 代码格式，保存到 3D 打印机的储存卡。

（6）对模型进行旋转操作，例如点击"Rotate"将模型旋转，同样输出为 G 代码格式进行打印即可。

3）Simplify 切片软件

Simplify 是工业切片级软件，功能强大，不仅可以改变模型的位置、大小，还可以自定义支撑、修改打印路径。Simplify 切片软件需要设置的参数包括：① 打印平台尺寸、打印机类型以及速度单位；② 挤出设置；③ 层高设置，层高与打印精细度和整体打印速度有关；④ 裙边设置，裙边就是在外边打印几圈，确保喷头没有问题；⑤ 填充设置、支撑设置、温度设置、冷却设置；⑥ 脚本设置，设置开始打印和结束打印时喷头的位置情况；⑦ 速度设置。

1.5 3D 打印材料与选择

1. 打印材料

3D 打印材料是 3D 打印技术重要的物质基础,它的性能在很大程度上决定了成形零件的综合性能。3D 打印材料主要包括聚合物材料、金属材料、陶瓷材料、橡胶类材料等。

1)聚合物材料

3D 打印用聚合物材料主要包括光敏树脂、热塑性塑料及高分子凝胶等。

(1)光敏树脂是最早应用于 3D 打印的材料之一,适用于 SLA 技术,能够在特定的光照(一般为紫外光)下发生聚合反应实现固化。在涂料领域,SLA 技术因具有固化速度快、固化性能优异、污染少、节能等优点而被认为是一种环境友好的绿色技术。光敏树脂一般为液态,可用于制作高强度、耐高温、防水材料。

(2)热塑性塑料是最常见的 3D 打印材料之一。ABS 是常见的工程塑料,具有较好的力学性能,但在打印过程中容易产生翘曲变形,且易产生刺激性气味。PLA 是采用可再生资源(秸秆、玉米)制作的新型生物降解材料,打印性能较好,应用范围广,价格便宜,已广泛应用于教育、医疗、建筑、模具设计等行业。PA 是一种半晶态聚合物,经 SLS 成形后能得到高致密度且高强度的零件,是 SLS 的主要耗材之一。PCL 是一种无毒、低熔点的热塑性塑料。PCL 具有优异的生物相容性和降解性,可以作为生物医疗中组织工程支架的材料,此外 PCL 材料还具有一定的形状记忆效应,在 4D 打印方面有一定的潜力。TPU 是一种具有良好弹性的热塑性塑料,其硬度范围宽且可调,有一定的耐磨性、耐油性,适用于鞋材、个人消费品、工业零件等的制造。

(3)高分子凝胶是一种三维交联网络的高分子材料,是在一定温度下引发剂和交联剂进行聚合而成的网状高分子凝胶制品。

2)金属材料

3D 打印金属材料作为 3D 打印中非常重要的材料,在汽车、模具、能源、航空航天、生物医疗等行业中都有广阔的应用前景。金属材料按形状可分为粉末材料和丝材。粉末材料可用于激光选区熔化(selective laser melting, SLM)技术、激光近净成型(laser engineered net shaping, LENS)技术等多种 3D 打印工艺。丝材则适合于 FDM 等工艺。3D 打印金属材料按种类可以分为铁基合金、钛及钛基合金、镍基合金、钴铬合金、铝合金、铜合金及贵金属等。铁基合金是 3D 打印金属材料中研究得较早、较深入的一类合金,较常用的铁基合金有工具钢、316L 不锈钢、M2 高速钢、H13 模具钢和 15-5PH 马氏体时效钢等。铁基合金成本较低、硬度高、韧性好,同时具有良好的力学性能,特别适合于模具制造。钛及钛基合金以其显著的比强度高、耐热性好、耐腐蚀、生物相容性好等特点,成为医疗器械、化工设备、航空航天及运动器材等领域的理想材料。目前 3D 打印钛及钛基合金的种类有纯 Ti、Ti6A14V(TC4)和 Ti6A17Nb,可广泛应用于航空航天零件及人体植入体(如骨骼、牙齿等)。镍基合金是一类发展最快、应用最广的高温合金,其在 650~1000 ℃高温下有较高的强度和一定的抗氧化腐蚀能力,广泛应用于航空航天、石油化工、船舶、能源等领域。钴基合金也可作为高温合金使用,但因资源缺乏,发展受限。钴基合金具有比钛基合金更良好的生物相容性,目前多作为医用材料使用,用于牙科植入体和骨科植入体的制造。铝合金密度低,耐腐蚀性能好,抗疲劳性能较高,且具有较高的比强度、比刚度,是一类理想的轻量化材料,3D 打印中使用的铝合金为铸造铝合金。其他金属材料如铜合金、镁合金、贵金属等需求量不及以上介绍的几种金属材料,但也有其相应的应用前景。形状记忆合金是一类形状记忆材料,具有在受到某些刺激(如热、机械或磁性变化)时"记忆"或保留先前形状的能力,在机器人、航空航天、生物医疗等领域有着广阔应用前景。

3) 陶瓷材料

陶瓷材料具有硬度高、耐高温、物理化学性质稳定等优点,在航天航空、电子、汽车、能源、生物医疗等行业仍有广泛应用前景。3D 打印陶瓷或玻璃制品,可实现产品定制化,如用陶瓷来打印个性化的杯子。采用 SLS 技术对陶瓷粉末材料进行烧结,上釉陶瓷产品可以用来盛装食物。

先进陶瓷是一类采用高纯度原料、可以人为调控化学配比和组织结构的高性能陶瓷,相比传统陶瓷,它在力学性能上有显著提高并具有传统陶瓷不具备的各种声、光、热、电、磁功能,3D 打印先进陶瓷也受到了越来越多关注。

4）橡胶类材料

橡胶类材料具备多种级别弹性材料的特征，这类材料所具备的硬度、断裂伸长率、抗撕裂强度和拉伸强度，使其非常适合于要求防滑或柔软表面的应用领域。3D打印的橡胶类产品主要有消费类电子产品、医疗设备以及汽车内饰、轮胎、垫片等。

5）其他材料

除了上述这些，3D打印材料还包括水泥、岩石、纸张、盐等，比如：用混凝土来打印房子、用木板或者纸张来打印家具等。此外，还包括彩色石膏材料、人造骨粉、细胞生物原料以及砂糖等材料。

彩色石膏材料是全彩色3D打印材料，是基于石膏的易碎、坚固且色彩清晰的材料。基于在粉末介质上逐层打印的成型原理，成品在处理完毕后，表面可能出现细微的颗粒效果，外观很像岩石，在曲面表面可能出现细微的年轮状纹理，多应用于动漫玩偶等领域。

加拿大目前正在研发骨骼打印机，利用类似喷墨打印机的技术，将人造骨粉转变成精密的骨骼组织。还有尚处于概念阶段的用人体细胞制作的生物墨水，以及同样特别的生物纸。打印的时候，生物墨水在计算机的控制下喷到生物纸上，最终形成各种器官。

食品材料方面，目前砂糖3D打印机可通过喷射加热过的砂糖，直接做出具有各种形状、美观又美味的甜品。

耗材是目前制约3D打印技术广泛应用的关键因素，3D打印技术要实现更多领域的应用，就需要开发出更多的可打印材料。目前对金属材料如工具钢、不锈钢、钛合金、镍基合金、银合金等进行3D打印的需求尤为迫切，但这些打印技术尚未完全突破。此外，在一些关键产业，寻找合适的材料也是一大挑战，例如空客概念飞机的仿真结构，要求机身必须透明且有很高的硬度，为符合这些要求就需要研发新型复合材料。

2. 材料的选择方法

1）影响材料选择的因素

3D打印耗材较为特殊，一般要求能够液化、丝化、粉末化、薄层化，打印完成后又能重新结合，并具备所需的物理化学性质。3D打印的材料在过去十多年时间发展很快,可打印材料的性能大幅提升,可选择的材料日益增多,3D 打印的材料已经不仅仅可以作为模型原型,而是越来越多地走向功能件和最终产品件。

选择 3D 打印材料的影响因素如下。

(1) 产品制作目的。

针对外观验证模型需求,优先选用光敏树脂类 3D 打印材料;针对结构验证模型需求,选择力学性能较好、价格低廉的材料,如 PLA 等工程塑料;针对终端产品生产需求,可采用 SLS 技术对尼龙粉末(PA12)进行烧结,也可采用 SLM 得到最终产品;针对特殊用途需求,如制作珠宝首饰,可以使用红蜡、蓝蜡作为打印材料等。

(2) 应用环境。

针对特定应用场景,可选择一些具有特殊性能的 3D 打印材料,如 ULTEM 1010 具有很好的生物相容性、耐热性、阻燃性等,很适合在航空航天及医疗领域应用。

(3) 几何限制。

由于 3D 打印材料决定了具体生产工艺,因此可反过来根据产品尺寸大小、表面精度要求等选择 3D 打印材料。

此外,选择 3D 打印材料,还有以下四点需要注意。

一看:观察材料是否有色差、气泡、黑色或其他颜色斑点。

二听:在打印的过程中,如果耗材不均匀,会发出“吭吭”的声音。

三量:用游标卡尺测试材料粗细和表面光滑程度。

四测:观察测试图案线条的均匀度,以测试材料流动性和黏性。

2) 对材料的要求

以下以熔融沉积快速成型工艺为例,介绍 3D 打印对打印材料的要求。

(1) 材料的黏度。

材料的黏度低、流动性好,阻力就小,有助于材料顺利挤出。材料的流动性差,需要很大的送丝压力才能挤出,会增加喷头的启停响应时间,从而影响成型精度。

(2) 材料熔融温度。

熔融温度低可以使材料在较低温度下挤出,有利于延长喷头和整个机械系统的寿命。可以减少材料在挤出前后的温差,减小热应力,从而提高原型的精度。

（3）材料的黏结性。

3D 打印工艺是基于分层制造的一种工艺,层与层之间往往是零件强度最薄弱的地方,材料黏结性决定了零件成型以后的强度。黏结性过低,有时在成型过程中因热应力会造成层与层之间的开裂。

（4）材料的收缩率。

由于挤出材料时,喷头内部需要保持一定的压力,所以挤出的材料一般会发生一定程度的膨胀。如果材料收缩率对压力比较敏感,会造成喷头挤出的材料直径与喷嘴的名义直径相差太大,影响材料的成型精度。3D 打印成型材料的收缩率对温度不能太敏感,否则会产生零件翘曲、开裂。

由以上材料特性对工艺实施的影响来看,3D 打印对成型材料的要求是熔融温度低、黏度低、黏结性好、收缩率小。

1.6 3D 打印的应用领域和发展趋势

近 30 年来,3D 打印技术发展日渐成熟,应用范围已覆盖航空航天、汽车、生物医学和文化创意等各个领域。

1. 应用领域

1）航空航天领域应用

随着人类对太空探索的逐步深入,进一步减轻飞行器的质量就成为设备改进与研发的重中之重。欧洲的空中客车公司采用 3D 打印技术生产了超过 1000 个飞机零部件,并将其用于 A350 XWB 飞机上,在按需制造复杂零件、确保按时交货的同时,减轻零部件质量、缩短生产周期、降低生产成本、简化供应链。罗尔斯·罗伊斯公司采用 3D 打印零部件制造的宽体飞机 Trent XWB-97 发动机如图 1-31 所示,该飞机已成功完成飞行试验,其发动机前轴承座的 48 个尺寸为 1.5 m×0.5 m 的钛合金翼型可能是现役飞机中采用的最大的 3D 打印零部件,通过 3D 打印,该翼型的生产效率提高 1/3,交货周期缩短 30%。欧洲航天局和瑞士 Swissto 12 公司开发出专门为未来空间卫星设计的首个 3D 打印双反射面天线原型,如图 1-32 所示,3D 打印工艺不仅显著增加了天线的精度,还降低了成本,缩短了交付时间,增加了射频设计的灵活性,最重要的是减轻了部件质量。

图 1-31　采用 3D 打印零部件的 Trent XWB-97 发动机

2)汽车领域应用

随着汽车工业的快速发展,人们对汽车轻量化、缩短设计周期、节约制造成本等方面提出了更高的要求,而 3D 打印技术的出现为满足这些需求提供了可能。2013 年 3 月,世界首款 3D 打印汽车 Urbee 2 面世(见图 1-33),打开了 3D 打印技术在汽车制造领域应用的大门。Urbee 2 整个打印过程持续了 2500 h(约 104 d)。它的所有零部件都是通过 3D 打印而成,Urbee 2 全车只有底盘和发动机是金属制造,其余部分均是用塑料材料打印得到的,这使其与其他汽车相比质量减小一半以上,从而达到节油的目的。通常情况下,这款车每升汽油能在高速公路上行驶 85 km,在城市道路上行驶 42 km,相比来说具有良好的经济性能。

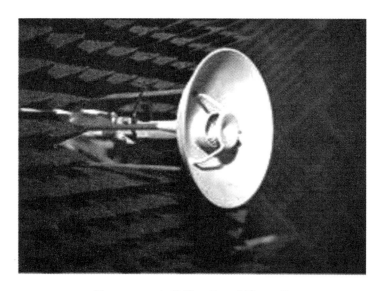

图 1-32　3D 打印的卫星双反射面天线

图 1-33　第一辆 3D 打印汽车

3）医疗领域应用

在医疗行业中，患者的身体结构、组织器官等方面存在一定差异，3D 打印技术个性化制造这一特点则符合了医疗卫生领域的要求。目前 3D 打印技术在医疗卫生领域用于人工骨骼、人工牙齿、助听器、假肢等的制造。2013 年北京大学第三医院对近 40 位患者植入了 3D 打印"钢筋铁骨",并进行定期追踪检查。

香港理工大学工业中心(IC)的研究人员利用病人的 CT 扫描和 X 射线图像数据,重建患者的眶底,如图 1-34 所示。

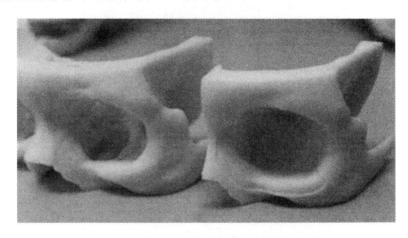

图 1-34　3D 打印眶底模型

4) 军工领域应用

军工领域已开始广泛关注 3D 打印技术可能带来的武器装备科研生产的深层变革和影响,3D 打印可用于复杂曲面、尺寸精细、特殊性能的零部件直接制造。

2017 年 9 月,央视新闻频道报道了歼-11B 的生产情况,重点介绍了该机采用的新材料和 3D 打印新工艺。其中一种多通道接头的制造,传统机械制造需要几个管道实现,通过 3D 打印只用一个轻便的多管道件就做到了,不但质量大减,体积更小巧,而且整体构造更结实牢固,如图 1-35 所示。

英国宇航系统(BAE Systems)公司使用 3D 打印技术制造旋风式战斗机(Tornado)的零件,在 2015 年安装且试飞成功,如图 1-36 所示。其 3D 打印制造的零件,包括驾驶舱无线电的防护罩、起落架防护装置以及进气口支架。

5) 建筑领域应用

目前国内外建筑 3D 打印主要运用的技术有:轮廓工艺、D 形(D-shape)工艺、混凝土打印、分段组装式打印、群组机器人集合打印。

盈创建筑科技(上海)有限公司是一家专业从事建筑材料研发、生产的企

图 1-35 3D 打印多管道件

图 1-36 装有 3D 打印零件的旋风式战斗机

业,其打印出了 6 层楼的居住房,如图 1-37 所示,打印一层楼只需 1 d 时间,再花 5 d 时间组装完毕即可入住,这样一栋建筑成本仅 100 多万元。盈创建筑科技有限公司还在开发用沙子当"油墨",打印出沙质房子的技术,打算在我国沙漠地区以及京津冀地区"就地取沙",打印更多的房子。

图1-37　3D打印房屋图

此外,3D打印还应用于以下领域。

（1）工业制造:产品设计、原型机制作、功能验证;制作模具原型或直接打印模具,直接打印产品。3D打印的小型无人飞机、小型汽车等概念产品已问世。3D打印的家用器具模型,也被用于企业的宣传、营销活动中。

（2）文化创意和数码娱乐:打印制作形状和结构复杂、材料特殊的艺术表达载体。科幻类电影《阿凡达》运用3D打印塑造了部分角色和道具,3D打印的小提琴接近手工工艺的水平。

（3）消费品:珠宝、服饰、鞋类、玩具、创意DIY手办的设计和制造。

（4）教育:3D打印模型验证科学假设,用于不同学科实验、教学。在北美的一些中学、普通高校和军事院校,3D打印机已经被用于教学和科研。

（5）个性化定制:基于网络的数据下载、电子商务的个性化打印定制服务。

2. 发展趋势

未来3D打印技术的发展将体现出精密化、智能化、通用化以及便捷化等主要趋势。

（1）成型材料开发及其系列化、标准化。3D打印技术的进步依赖于新型材料的开发和新设备的研制。3D打印材料目前以高分子材料为主。发展全新的

3D 打印材料,如组织工程材料、梯度功能材料、纳米材料、非均质材料、复合材料是 3D 打印技术中材料研究的热点。

（2）制造装备从高端型走向普及型。目前世界著名的几大 3D 打印设备制造商很少生产高端设备,主要专注于低成本的 FDM 设备。3D 打印机的体积小型化、桌面化,成本更低廉,操作更简便,更加适应分布式生产、设计与制造一体化的需求以及家庭日常应用的需求。

（3）向功能零件制造发展。采用激光或电子束直接熔化金属粉末。逐层堆积而形成金属制品的直接成型技术,可以直接制造复杂结构金属功能零件,制件力学性能可以达到锻件力学性能指标。提升 3D 打印的速度、效率和精度,开拓并行打印、连续打印、大件打印、多材料打印的工艺方法,提高成品的质量和性能,以实现直接面向产品的制造。同时,3D 打印向陶瓷零件的增材制造技术和复合材料的增材制造技术发展。

（4）向智能化装备发展。目前增材制造设备在软件功能和后处理方面还有许多问题需要优化。例如,成型过程中需要加支撑,软件智能化和自动化需要进一步提高;制造过程中,工艺参数与材料的匹配度需要智能化;加工完成后,粉料或支撑需要去除;等等。这些问题直接影响设备的使用和推广,设备智能化是走向普及的前提。

（5）向日常消费品制造方向发展。3D 打印在科学教育、工业造型、产品创意、工艺美术等领域有着广泛的应用前景和巨大的商业价值。其发展方向是提高精度、降低成本、运用高性能材料,拓展 3D 打印技术在生物医学、建筑、车辆、服装等更多行业领域的创造性应用。

第2章　3D打印工艺过程

无论3D打印对象的形状有多么复杂,从设计到成品一般都需要经过三维建模、数据处理、打印和后处理四个过程。其中,三维建模是将抽象的概念用形象化的三维模型表达出来,以便向打印机传达具体的打印任务;数据处理是将三维模型离散化,分析出离散化模型的加工路径,并将加工路径转化为3D打印机可执行的G代码程序;打印则是3D打印机遵照G代码程序,将离散化后的各层逐层依次打印出来,然后通过累积形成产品的最终形状;后处理是对打印产品进行后期加工,使其在表面质量、力学强度、尺寸精度等方面符合设计需求。

为帮助读者更好地理解和掌握3D打印工艺过程,本章结合实例详细介绍三维建模与设计、3D打印工艺过程、打印后处理方法、逆向工程等内容。

2.1　三维建模与设计

基于3D技术的打印加工工艺,首先要建立关于产品的三维模型,也就是三维建模,即通过三维软件在虚拟三维空间构建出具有三维数据模型的过程。随着计算机技术的发展,三维建模在机械、艺术、汽车等行业得到广泛应用,深刻影响了产品研发、设计、工艺以及制作等环节,极大地缩短了新产品开发周期,节约了新产品开发成本。

1. 常用的主流三维CAD软件

常用的主流三维CAD软件有SolidWorks、UG、Pro/Engineer、CAXA、3Ds

Max、CATIA 等,下面分别对它们进行介绍。

1)SolidWorks

SolidWorks 是美国达索公司旗下的子公司 SolidWorks 公司开发的一款三维 CAD 软件,它是一个基于特征的参数化实体造型系统,采用单一数据库,用户在使用 SolidWorks 建模时,既可以创建单一的三维实体模型,也可以由三维实体自动生成各种工程视图。SolidWorks 支持多种数据格式,如 IGES、DXF、DWG、SAT、STEP、STL、VRML 等,可以方便地打开大多数 CAD 软件建立的模型。它还能直接利用零件的三维实体模型进行仿真装配,动态观察零件运动情况,检验零件的设计参数。利用 SolidWorks 自带的 Simulation 插件还可以进行有限元应力分析,如零件静态载荷分析和疲劳应力及扭曲应力分析,通过数值仿真分析,能够帮助设计者验证其设计的可靠性。

2)UG

UG(Unigraphics)是 Siemens PLM Software 公司开发的一款集 CAD/CAE/CAM 于一体的三维参数化建模软件。UG 具有强大的设计与图形制作功能,即使是动态变化的设计要求,也能通过空间建模的方式合理设计物体结构。除此以外,UG 的其他设计功能也十分强大,不仅集成了 CAD 模块、CAE 模块、CAM 模块、钣金模块、管道与布线模块等专业工具,还包括一些特殊功能模块,如用来制定菜单的 UG/Open Menu Script 模块,用于二次开发的 UG/Open GRIP、UG/Open API、UG/Open ＋＋模块等。

3)Pro/Engineer

Pro/Engineer 是美国参数技术公司 PTC 推出的一款三维 CAD 软件,参数化建模是 Pro/Engineer 最突出的特点,它支持全尺寸约束和尺寸驱动的设计修改。参数化使产品设计过程中的各个环节紧密联系在一起,任何一个环节发生零件尺寸的修改都可以自动映射到整个建模环境中。Pro/Engineer 操作简单、易于上手,具有直观的操作面板、图标和功能区用户界面。图形渲染引擎支持用户在短时间之内实现逼真的图形渲染。同时,Pro/Engineer 还可与其他 CAD 软件进行高效的互操作,如 Pro/Engineer 可支持 Autodesk Inventor 和 SolidWorks 数据,并且支持用户通过 Web 进行网络协同设计。

4)CAXA

CAXA 是由北京数码大方科技股份有限公司开发的一款具有自主知识产

权的二维绘图和三维设计软件,具有良好的开发界面和完善的功能。CAXA 实体设计(3D)是集创新设计、工程设计和协同设计于一体的三维设计工具,具有 Windows 原创风格,易学易用,功能强大,能够使设计者专注于设计创意的发挥进行工业产品创新设计。CAXA 打破了传统三维 CAD 软件单一设计思维的制约,支持双设计模式(协同创新设计模式、工程设计模式)。两种模式结合使用可以使模型的编辑与修改更加简便,达到更好的造型效果与设计体验。同时,CAXA 实体设计还无缝集成了电子板图作为二维设计环境,用户可在三维设计环境中直接读取工程数据,并在其中浏览、创建、编辑和维护现有的 DWG、DXF、EXB 等格式的二维数据文件。

5) 3Ds Max

3Ds Max 是 Autodesk 公司开发的一款基于 PC 系统的三维 CAD 软件,它是广泛应用于电脑动画及工业三维设计的软件之一。3Ds Max 拥有强大的建模工具,例如标准基本体、扩展基本体、复合对象、基本几何图形、可编辑样条线、可编辑多边形、面片建模、可编辑网格、NURBS 建模,以及基于多边形的石墨建模工具和运用动力学的建模等,通过这些建模工具的综合使用并配合 3Ds Max 众多的修改器可以方便地实现复杂三维模型的设计。3Ds Max 具有强大的数据格式转换功能,可以直接导出 20 多种文件格式,基本涵盖了当今主流设计软件的所有格式,其特定的 MAX 格式还可以直接导出为 STL 格式,为后期的 3D 打印工作提供了极大的便利。

6) CATIA

CATIA 是法国达索飞机制造公司研发的 CAD/CAE/CAM 软件,目前广泛应用于航天、汽车、机械与电子等产业。CATIA 不仅具有强大的曲面造型功能,而且还提供了丰富的造型工具、产品设计制造与分析仿真功能,为工业领域各类大、中、小型企业广泛使用。CATIA 开放了大量的函数接口,给用户提供了一个可通过外部程序使用 CATIA 的功能,进一步提高了三维设计的灵活性。CATIA 还具有强大的二次开发功能,用户可以依自身需求进行二次开发,使软件操作更具个性化,能有效提高工作效率和设计水平。

2. 3D 建模与设计方法

根据实际应用需求的不同,常用的 3D 建模方法有:多边形建模、参数化建模、逆向建模、曲面建模等。

不同的建模方法各有特点,作用也不尽相同。例如:应用于工程领域的三维数字模型常常需要标准尺寸,并且绝大多数工程实际应用问题对模型尺寸都有较高的精度要求,此时应优先考虑设计精度高的参数化建模方法;多媒体娱乐行业对尺寸精度的要求没有工业领域高,但对视觉冲击有较高的要求,此时应考虑使用能够设计出各种复杂形状的多边形建模方法;曲面建模是一种专门用于构造曲面物体的造型方法,广泛应用在数码产品和汽车设计中;逆向建模则是通过 3D 扫描获取一幅关于当前结构形状的点云图像,然后再将点云导入数字环境中进行编辑,将其转换成 3D 网格,这种方法常常应用在组合创意设计的三维模型建模中。

本节以 SolidWorks 和 CAXA 两种软件建模为例,详细介绍如何利用 CAD 软件进行三维参数化建模。

案例:五角星的三维建模设计。参数要求:造型底座为圆柱形,直径为 220 mm,底座高度为 25 mm,五角星高度为 20 mm,案例设计造型的三视图与立体图如图 2-1 所示。

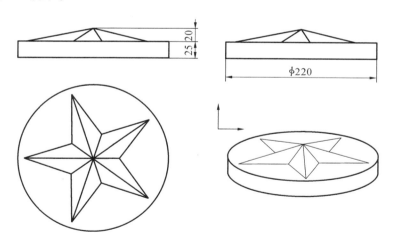

图 2-1　五角星的三视图与立体图

1) SolidWorks 设计步骤

第一步:新建零件。

打开 SolidWorks 软件,点击标准工具栏上的"新建"按钮，弹出"新建

SolidWorks 文件"对话框,如图 2-2 所示,用鼠标选择"part"(零件)图标,然后点击"确定"按钮。

图 2-2　新建零件界面

第二步:建立拉伸特征。

(1)打开草图绘制界面。选择"草图"选项卡,点击"草图绘制"按钮🖊,前视、上视、右视基准面出现在图形区域,选择基准面如图 2-3 所示。选择前视基准面,此时前视基准面正对视线,在前视基准面上打开一张草图。

(2)绘制圆草图。点击"草图"选项卡中"绘制圆"按钮⊙,从原点引出一个圆,再点击"智能尺寸"按钮◇,在图形区域点击绘制的圆周,输入直径 220 mm,点击"确定"按钮,绘制的圆如图 2-4 所示。

(3)拉伸圆柱特征。选择"特征"选项卡,点击"拉伸凸台"按钮🗔,深度值参数输入 25 mm,点击"确定"按钮,拉伸圆柱特征界面如图 2-5 所示。

第三步:建立五角星放样特征。

(1)绘制五角星草图。选择"草图"选项卡,点击"草图绘制"按钮,点选圆柱体上表面作为新的基准面,打开一张新的草图,点击"视图选项",选择"正视于"视角,使该草图正视于操作者,如图 2-6 所示。

选择"草图"选项卡,点击"多边形"按钮⊙,将边数参数改为 5,选择"外接圆",点击智能尺寸,五边形外接圆直径参数输入 200 mm,如图 2-7 所示。

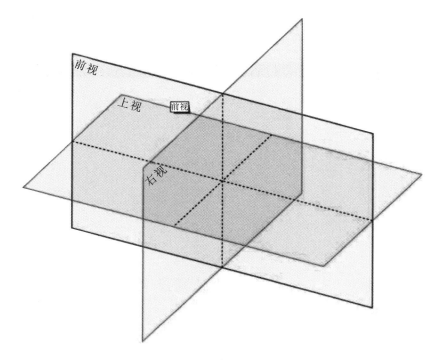

图 2-3　选择基准面

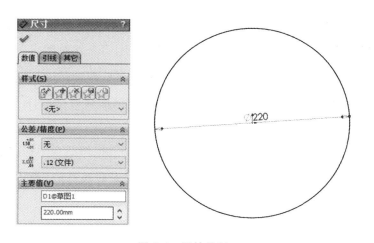

图 2-4　圆的绘制

　　点击"直线"按钮，依次连接五边形内部五条线，如图 2-8 所示。点击"裁剪实体"按钮，将五角星内部的线段裁减掉，删除外部五边形线段，留下五角星形状，如图 2-9 所示。

图 2-5　拉伸圆柱体

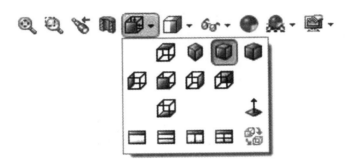

图 2-6　视图选项

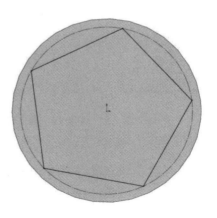

图 2-7　绘制五边形草图

图 2-8　连接五角星的五条线　　　　　图 2-9　五角星草图

（2）建立新的基准面。点击"退出草图"按钮 ↪，选择"特征"选项卡，点击"参考几何体" ✎ → "基准面" ◳，建立新的基准面，"第一参考"选圆柱体上表面，距离修改为 20 mm，点击"确定"按钮，建立新基准面界面如图 2-10 所示。

图 2-10　建立新基准面

（3）绘制点草图。选择"草图"选项卡。点击"草图绘制"按钮，选择新建的基准面，在此基准面上建立新的草图。点击"绘制点"按钮 ✳，在原点处绘制一个点，绘制点界面如图 2-11 所示。

（4）放样五角星造型。选择"特征"选项卡，点击"放样凸台/基体"按钮 ◲，在轮廓中分别点选五角星轮廓（草图 2）、点（草图 3），点击"确定"按钮，生成五

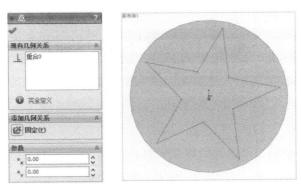

图 2-11　绘制点界面

角星形状,如图 2-12 所示。完成后的五角星造型如图 2-13 所示。

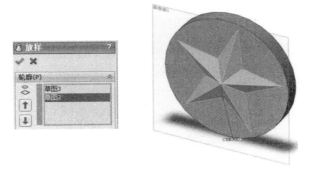

图 2-12　生成五角星放样特征

图 2-13　完成后的五角星造型

2) CAXA 设计步骤

第一步:绘制五角星的框架。

（1）圆形绘制。双击 CAXA 图标，打开软件，点击曲线生成工具栏上的"曲线绘制"按钮 ⊙，进入空间曲线绘制状态，在特征树下方的"立即"菜单中选择画圆方式"圆心点_半径"，按照提示，用鼠标点取坐标系原点，也可以按回车键，在弹出的对话框中输入圆心点坐标(0,0,0)，半径 $R=100$ 并确认，然后单击鼠标右键结束圆的绘制。这里需要说明的是，应在英文输入法状态下输入坐标点，否则会出现错误。

（2）五边形绘制。单击曲线生成工具栏上的"多边形绘制"按钮 ⊙，在特征树下方的"立即"菜单中选择"中心"定位，边数填写"5"，下拉表中选择"内接"，如图 2-14 所示。按照系统提示点取中心点，内接半径为 100（方法与圆的绘制相同）。单击鼠标右键结束五边形绘制，如图 2-15 所示。

图 2-14　多边形绘制参数设置

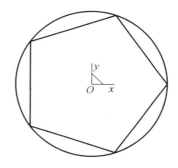

图 2-15　五边形绘制结果

（3）构造五角星轮廓线。点击曲线生成工具栏上的"绘制直线"按钮 ∕，在特征树下方的"立即"菜单中选择"两点线""连续""非正交"，将五角星的各个角点连接，如图 2-16 所示。再点击"删除"工具按钮 ⊘，用鼠标直接点取多余的线段，被选中的线段会变成红色，单击鼠标右键确认删除，删除多余线段后的图形如图 2-17 所示。

最后，点击"曲线裁剪"按钮 ✂，将五角星内部的线段裁剪掉，用鼠标直接点取需要裁剪的线段，点击鼠标右键确认即可裁剪，裁剪后的结果如图 2-18 所示。

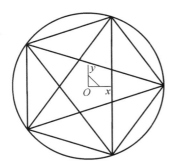

图 2-16　连接五角星的角点

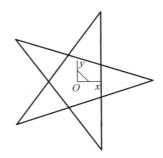

图 2-17　删除多余的线段

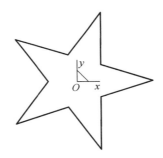

图 2-18　裁剪多余线段后的五角星

（4）构造五角星的空间线架。在构建空间线架时,需要设置一个五角星的顶点,根据设计参数要求,可在五角星中心垂直高度方向上方 20 mm 处设置一个顶点(0,0,20),以便通过两点连线实现五角星的空间线架结构。点击曲线生成工具栏上的"绘制直线"按钮 ⟋,用鼠标点取五角星的一个角点,然后按回车键,输入顶点坐标(0,0,20),这样便将顶点与该角点用直线连接起来,如图 2-19 所示。同理,连接五角星其余角点与顶点,完成五角星的空间线架,如图 2-20 所示。

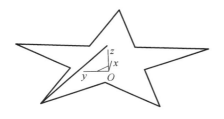

图 2-19　用直线连接顶点与角点

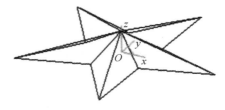

图 2-20　完成的五角星空间线架

第二步：生成五角星曲面。

（1）通过直纹面生成曲面。任选五角星的一个角,用鼠标单击曲面工具栏中的"直纹面"按钮 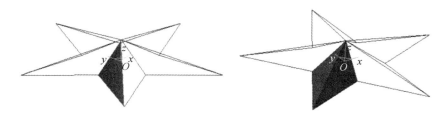 ,在特征树下方的"立即"菜单中选择"曲线＋曲线"的方式生成直纹面,然后用鼠标左键点取与该角相邻的两条直线完成曲面,如图2-21所示。

图 2-21　通过直纹面生成曲面

这里需要说明的是,在点取相邻直线时,点取位置应该尽量保持一致,如图2-22所示,这样才能保证得到正确的直纹面。

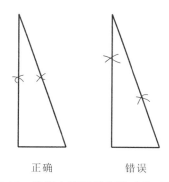

正确　　　　　　　错误

图 2-22　鼠标点取相邻直线时的示意图

（2）生成五角星各角的曲面。点击几何变换工具栏中的"阵列"按钮 ,在特征树下方的"立即"菜单中选择"圆形"阵列方式,分布形式选择"均布",份数设为"5",用鼠标左键点取一个角上的两个曲面,单击鼠标右键确认,然后根据提示输入中心点坐标(0,0,0),也可以直接用鼠标点取坐标原点,这样,系统会自动生成五角星各角的曲面。

（3）生成五角星轮廓平面。

以(0,0,0)原点为圆心作圆,半径为110,如图2-23所示(方法参考第一步圆形绘制部分)。再用鼠标单击曲面工具栏中的"平面工具"按钮 ,并在特征树下方的"立即"菜单中选择"裁剪平面"按钮 裁剪平面 。用鼠标点取平面的外轮廓线,如图 2-24 所示。再用鼠标点取五角星底边的 10 条线,如图 2-25 所示。单击鼠标右键确认,完成加工轮廓平面,效果如图 2-26 所示。

图 2-23　绘制五角星加工轮廓平面

图 2-24　点取五角星加工外轮廓线

图 2-25　点取五角星 10 条底边

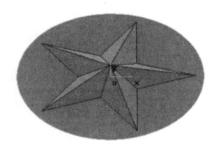

图 2-26　完成的五角星加工轮廓平面

第三步:生成五角星实体模型。

(1)生成基本体。选中特征树中的"平面 XY",单击鼠标右键,在弹出的快捷菜单中选择"创建草图",如图 2-27 所示。或者直接点击创建草图按钮 ▨(或按快捷键 F2),进入草图绘制状态。单击曲线生成工具栏上的"曲线投影"按钮,用鼠标点取已有的外轮廓圆,将圆投影到草图上,点击鼠标右键确认,如图 2-28 所示。

图 2-27　创建草图

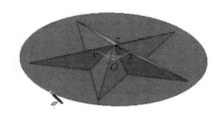

图 2-28　将圆投影到草图上

再点击特征工具栏上的"拉伸增料"按钮，在拉伸对话框中选择相应的选项，单击"确定"按钮，完成拉伸，如图2-29所示。

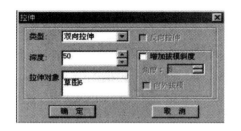

图 2-29　拉伸对话框与拉伸增料完成效果

（2）利用曲面裁剪除料生成实体。单击特征工具栏上的曲面裁剪除料按钮，用鼠标点取已有的各个曲面，勾选"曲面裁剪除料"对话框中的"除料方向选择"选项，如图2-30所示，单击"确定"，完成实体设计，效果如图2-31所示。

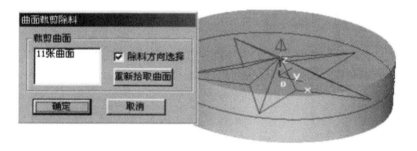

图 2-30　曲面裁剪除料

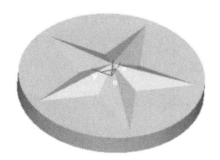

图 2-31　五角星最终设计效果

2.2 3D 打印数据处理

1. 模型格式转换

3D 打印的本质是分层制造,其核心就是对三维模型数据进行处理,主要包括切片和打印路径规划。三维模型的格式取决于其使用的三维 CAD 软件,表 2-1 中给出了常用的三维 CAD 软件支持的文件格式,但由于不同的 CAD 软件文件格式采用了不同的数据结构和存储方式,导致这些格式与 3D 打印机系统不能兼容,从而限制了这些格式的使用范围。目前最常用的 3D 打印模型数据格式为 STL,因此在打印切片前一般都需要将三维实体模型的数据格式转换为 STL 格式。

表 2-1 常见建模工具支持的文件格式

名称	支持的格式(部分)
3Ds Max	3DS、PRJ、DAE、IGES、OBJ、SHP、VRML、STL
CATIA	IGS、PART、MODEL、STL、IGES、CATPart、CATProduct
SolidWorks	SLPRT、JPEG、STEP、IGES、PART
UG	PRT、PARASOLID、STEP、IGES
Pro/ Engineer	IGES、ACIS(. sat)、DXF、VDA、SET、STEP、STL、VRML、I-DEAS
CAXA	EXB、DWG、CAX

STL 格式是目前 3D 打印行业中最广泛使用的一种格式,事实上已经成为行业内的标准数据格式。STL 采用大量无规则的空间三角形小面片来近似地表示三维实体模型的形状,如图 2-32 所示。除 STL 格式以外,OBJ、PLY 以及 AMF 等格式也都是常见的 3D 打印数据格式。

目前市场上一些三维 CAD 软件都可以直接输出 3D 打印所需的 STL 文件格式,不能直接输出 STL 文件格式的软件只需要针对标准的中间文件做转换,再由中间格式向所需的打印格式转换即可。如图 2-33 所示,在 SolidWorks 中

STL 格式转换

图 2-32　STL 格式显示效果图

完成五角星造型后,只需要点击"另存为",设置保存类型为 STL 格式即可,其他建模工具的使用方法与 SolidWorks 类似,不再赘述。

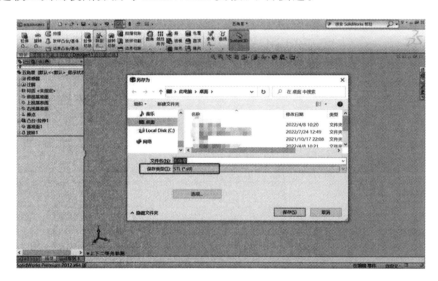

图 2-33　在 SolidWorks 软件中另存为 STL 格式界面

2. 分层切片处理

切片是将 3D 模型离散成二维平面信息的关键一环。主要操作包括数据转换、模型检查、模型修复、切片、查看切片结果、判断切片结果、生成 G 代码等。其中,切片和生成 G 代码均由切片软件完成,图 2-34 是将一个 3D 模型进行切片处理的流程图。

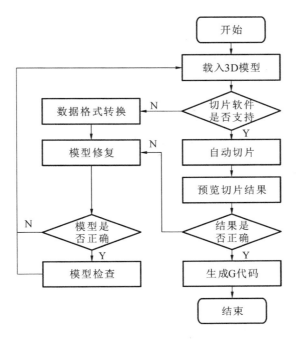

图 2-34　切片处理的流程

切片软件种类众多,有的切片软件是独立软件,有的是集成软件。本章介绍的 UP Studio 是北京太尔时代科技有限公司开发的一款集打印机控制与切片功能于一体的 3D 打印控制软件,其中的 2.0 版本适用于 UP300、UPBOX、UP BOX＋、UP2、UPMINI2、UPMINI2ES 等多种型号的 3D 打印机。在 UP Studio 中对模型切片的处理主要包括对打印层数、层厚、底层/顶层厚度、打印填充密度、打印速度等参数的设置,这些参数的含义及设置方法将在 2.3 节中详细介绍。

2.3　FDM 3D 打印机调试与参数设置

1. 3D 打印机调试

3D 打印实质上是对三维模型进行分层制造,然后再通过堆叠形成原来的实体。3D 打印机在使用前需进行调试,否则容易

3D 打印机的
基本操作

因打印机校验错误而导致三维模型成型精度变差甚至打印失败。例如,若打印机的打印平台发生了倾斜而没有事先进行校正,模型底部会出现明显的倾斜,对成品精度影响很大。因此,在 3D 打印之前需要对 3D 打印机预先进行调试,以确保 3D 打印机能够正常工作,且成型的精度能够控制在设计范围之内。本节将以 UPBOX+ 3D 打印机为例,讲解 FDM 工艺 3D 打印机的调试方法。

第一步:安装打印机底板。

打印机底板的功能是承载打印物品,为了保证打印质量必须将底板平稳地固定在打印平台上。UPBOX+打印机使用多孔板作为底板,多孔板的四周及板中有若干个安装孔洞,在安装时必须保证打印平台的加热板上的螺钉全部嵌入多孔板的孔洞中,在安装时要用手将打印平台与多孔板压紧,然后将多孔板向前推,使其紧锁在加热板上,如图 2-35 所示。

 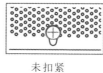 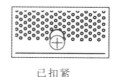

未扣紧 已扣紧

图 2-35 打印机多孔板的安装示意图

第二步:安装耗材。

取下打印机机身侧边的丝盘盖,将耗材插入丝盘架中的导管直到丝材从其另外一端伸出,将耗材盘安装到丝盘架,然后盖好丝盘盖,如图 2-36 所示。

FDM 设备的
进料操作

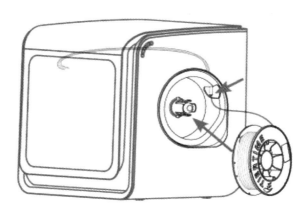

图 2-36 耗材安装示意图

第三步：打印机初始化。

打印机每次启动后需要对参数进行初始化，以确保打印参数准确无误。在初始化期间，打印头和打印平台缓慢移动，并会触碰到 X、Y、Z 轴的限位开关。注意，只有当初始化完成后，UP Studio 菜单中的其他软件功能才能被激活使用。初始化有两种方法：一是通过 UP Studio 菜单中的"初始化"按钮对 UP BOX＋初始化，如图 2-37 所示；二是当打印机空闲时，长按打印机上的初始化按钮触发打印机初始化功能，如图 2-38 所示。

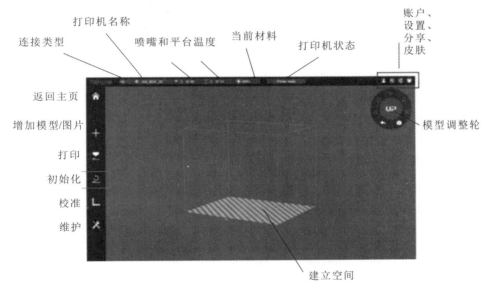

图 2-37　软件初始化方法

第四步：平台自动校准。

平台校准是打印机调试必不可少的步骤。理想情况下，打印机喷嘴和平台之间的距离是固定的，但受多种因素的影响，在不同的位置，距离会略有不同，出现平台倾斜现象，平台倾斜可能会使模型在打印时发生翘边的现象，如果平台倾斜的程度比较严重，甚至会出现打印失败的情况。UP Studio 为 UP BOX＋打印机提供了自动校准功能，在校准时，只需打开 UP Studio，点击"校准"图标，弹出"平台校准"对话框，如图 2-39 所示。选择"自动补偿"，打印机的校准探头将自动放下，并开始探测平台上的 9 个位置。待探测平台结束之后，9 个补偿数据将自动更新，并储存在机器内，平台根据补偿数据完成自动校准调平，校准完成后探头也将自动缩回。

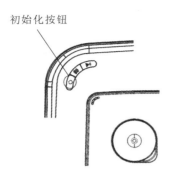

初始化按钮

图 2-38　长按初始化按钮初始化

图 2-39　平台校准对话框

这里需要指出的是,为了提高自动校准的精度,应预先清除掉喷嘴上残留的打印丝。此外,校准前应将多孔板在平台上安装好,且必须在喷头温度低于 80 ℃ 的状态才能进行校准。

第五步:喷嘴自动对高。

一般情况下,UP BOX＋打印平台自动校准完成后,会自动启动喷嘴对高功能。打印头会移动至喷嘴对高装置上方,喷嘴通过接触对高装置完成喷嘴高度的测量,如图 2-40 所示。喷嘴对高除了在平台自动调平后自动启动,也可以手动启动,在"平台校准"对话框的"喷嘴高度"栏中点击"自动对高"按钮启动该功能,如图 2-41 所示。

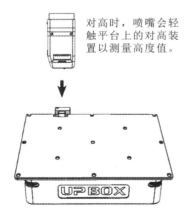

对高时,喷嘴会轻触平台上的对高装置以测量高度值。

图 2-40　喷嘴对高示意图

图 2-41　启动自动对高

第六步:手动平台校准。

如果在自动校准之后仍然出现打印翘边的问题,则有可能是由于平台倾斜程度超出了自动校准功能的调节范围。在这种情况下,应该先通过手动校准的方式对平台倾斜度进行校准(粗调),然后再进行平台自动校准(细调)。一般情况下,手动校准不是平台校准必需的步骤,只有在自动校准不能使平台恢复水平状态时才需要进行手动校准。UP BOX＋的平台四角下方有 4 个手调螺母,如图 2-42 所示。手动校准时可以通过旋紧或松开这些螺母对平台进行水平度粗调。

FDM 设备的
调平操作

图 2-42　手调螺母位置示意图

接下来,可以进一步通过手动方式对平台进行精确调平。其方法是在图 2-39 所示的平台校准对话框中点击“平台点位校准”栏中的“重置”按钮,将校准卡放置到喷头与平台之间,然后依次点击 1～9 九个位置按钮,每次点击一个位置按钮后,喷头移动到对应位置,再点击“＋”与“－”按钮升高或降低平台高度,直至平台与喷嘴之间的校准卡可以感受到一定的阻力为止即完成了该点位置的手动校准。校准卡使用示意图如图 2-43 所示。

平台过高,喷嘴将校准卡钉到平台上。略微降低平台。

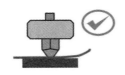

当移动校准卡时可以感受到一定阻力。平台高度适中。

平台过低,当移动校准卡时无阻力,略微升高平台。

图 2-43　校准卡使用示意图

2. 3D 打印参数设置

打印参数对打印精度具有决定性影响,因此在打印前正确设置打印参数是打印成功的重要保证。UP BOX＋系列打印机参数的设置方法如下:点击 UP Studio 菜单中的"打印"按钮,打开"打印设置"对话框,对层片厚度、填充方式、质量等需要设置的参数进行设置,如图 2-44 所示。

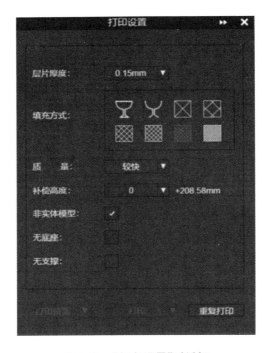

图 2-44 "打印设置"对话框

层片厚度:用于设置打印的每一个切片层片的厚度。层片厚度越小,切片时切分的层数越多,打印出来的模型表面质量越好,打印需要的时间越长,UP Studio 中可选择 0.1 mm、0.15 mm、0.2 mm、0.25 mm、0.3 mm、0.35 mm 等层片厚度。

填充方式:打印物品的内部结构是通过填充完成的,根据使用目的的不同可选择外壳、表面、13％、20％、65％、80％、99％等不同的填充方式,不同填充方式的打印效果如图 2-45 所示。如果选择外壳或表面方式,打印出来的物品是空心的;填充密度选择越大,打印出来的物品强度越大,但打印时间也越长。

质量:设置打印出来的物品表面质量。本质上是通过调节打印速度来控制

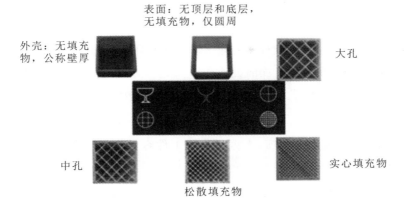

外壳：无填充物，公称壁厚

表面：无顶层和底层，无填充物，仅圆周

大孔

中孔

松散填充物

实心填充物

图 2-45　不同填充方式的打印效果

打印质量,可选择默认、较好、较快、极快等不同的参数。当对打印物品表面质量要求较高时可选择"较好",反之,可选择"极快",一般情况下选择"默认"即可。

补偿高度:该参数是根据加工过程中喷嘴与平台的接触情况对机床高度所进行的微调。

非实体模型:如果选择该项,软件将自动固定非实心模型。

无底座:如果选择该项,打印时将不会自动为打印物品设计一个基底,物品的最底层将直接与打印平台接触。建议在打印时不要勾选此项。

无支撑:如果选择该项,打印时将不会根据物品形状自动为其设计打印支撑。建议在打印时不要勾选此项。

密闭层数:密闭打印物体顶部和底部的层数,可选择 2~6 层。

密闭角度:决定表面层开始打印的角度,可选 30°、40°、45°、50°、60°。

支撑层数:选择支撑结构和被支撑表面之间的层数,可选择 2~6 层。

支撑角度:决定产生支撑结构和致密层的角度,可选择 10°、30°、40°、45°、50°、60°、80°。

支撑面积:决定产生支撑结构的最小表面面积,小于该面积将不会产生支撑结构,可选择 0 mm²、3 mm²、5 mm²、8 mm²、10 mm²、15 mm²、20 mm²。

支撑间隔:决定支撑结构的密度,值越大,支撑密度越小,可选择 4 行、6 行、8 行、10 行、12 行、15 行。

稳固支撑：如果选择该项，支撑结构将坚固且难以移除。建议在打印时不要勾选此项。

薄壁：如果选择该项，软件将检测太薄无法打印的壁厚，并自动将其扩大至可以打印的尺寸。建议在打印时勾选此项。

加热：如果选择该项，在打印之前，机器将进行不超过 15 min 的预热。建议在打印时勾选此项。

易于剥离：如果选择该项，支撑结构及工件容易从工作台剥离。建议在打印时勾选此项。

休眠：如果选择该项，打印完成后，打印机将进入休眠模式。

打印预览：点击此按钮，将可以检查模型的分层情况，完成后显示打印时间和使用材料的质量。

打印：点击此按钮，将按照设置启动打印机。

图 2-46 显示了参数设置中密闭层、填充物、支撑层、底座和平台的相互位置关系。

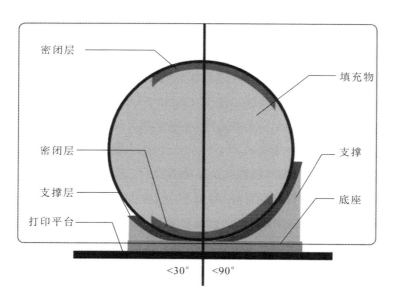

图 2-46　打印参数的相互位置关系示意图

2.4　3D 打印后处理和常见问题解决方法

1. 3D 打印后处理

　　3D 打印后处理是保障打印物品表面质量的一项重要工艺过程。3D 打印在喷头挤出的加热材料逐层堆积在模型表面,会在层与层之间形成连接的纹路,纹路的密度对打印物品表面质量有较大的影响。另外,打印时产生的底座、支撑等结构也要在

FDM 打印

件后处理

打印结束后及时剥离,以免影响物品整体造型。但在剥离这些结构后都会在物品表面留下一些残留物,影响了物品表面的平整与光滑,这时需要运用 3D 打印的后处理技术去掉这些残留物,恢复物品本来的设计外形。目前广泛使用的 3D 打印后处理方法主要有去除支撑、打磨、喷涂、浸泡等。

　　1）去除支撑

　　去除支撑就是用工具剪、偏口钳或者刮刀等工具将 3D 打印物品表面的支撑或其他多余的部分剪除。剪除前要先仔细观察支撑结构,从无遮挡且容易下手的支撑处开始剥离,剥离时要轻轻地均匀用力,不要损坏打印产品本体结构。对于不易剥离的支撑,可以先用剪刀或偏口钳将支撑与物体表面的连接部分全部剪断后再慢慢剥离。这里需要特别提醒的是,在使用剪刀等锋利工具时,一定要注意安全,防止在剥离时割伤皮肤。

　　2）打磨

　　打磨一般是利用砂纸摩擦去除 3D 打印物品表面的凸起,光整物品的表面纹路。一般可以使用 200 目的砂纸粗磨,然后再使用 600～800 目的砂纸半精磨,最后使用 2000 目以上的砂纸精磨,使模型表面光滑平整,达到能喷漆上油的要求。

　　3）喷涂

　　喷涂是利用喷枪将涂料均匀地喷在 3D 打印物品表面,给物品上色的一种工艺。整个喷涂过程需要控制好空气压力、油漆浓度、喷嘴与物品表面的距离

等多种因素才能喷涂出完美的效果。在物品表面小面积喷涂上色时,可采用遮盖的方式,用不粘胶带粘出特定形状后,采用喷涂法将颜色涂上,待油漆干后再将胶带撕下来即可。

4)浸泡

浸泡是利用有机溶剂(如丙酮、醋酸乙酯、氯仿等)的溶解性对 ABS、PLA 等材质的 3D 打印物品进行表面处理。将物品浸泡在专门的抛光液中,待其表面达到需要的光洁效果后取出即可。浸泡法能够快速消除物品表面的纹路,但要合理控制浸泡时间,时间过短无法消除模型表面的纹路,时间过长则容易出现模型溶解过度,导致物品的细微特征缺失和模型变形。

2. 3D 打印安全提示

尽管 3D 打印技术日趋完善,3D 打印机的关键结构设计也越来越成熟,但在 3D 打印过程中仍然会遇到一些意想不到的安全问题。如果对这些问题没有采取恰当的方法予以解决,或者没有引起足够的重视,就容易导致人身伤害和设备事故。下面将 3D 打印中应引起重视的安全问题进行总结提示,供读者在使用 3D 打印机时参考。

1)高温与硬物

FDM 3D 打印机是目前在教学、生产中使用最普遍的一种增材制造设备。FDM 打印机的喷嘴是最容易造成人身伤害的部件,因为 3D 打印的材料是通过喷嘴加热熔化的,喷嘴加热后温度可达 200~300 ℃,如果皮肤接触到喷嘴极易烫伤。此外,如果模型与打印平台黏结得特别牢固,需要使用铲子才能将其从平台上取下来,但是打印平台上的多孔板表面非常光滑,在使用铲子时容易手滑使铲子锋利的刀刃划伤手指。通常情况下,在使用 FDM 打印机时佩戴手套能够起到较好的防护作用,既可以防止烫伤又可以防止划伤。

2)有毒刺激性气体

ABS 工业塑料是一种常用的 FDM 打印材料,它的熔点较低且具有良好的塑性和一定的强度,非常适合作为 FDM 工艺的打印材料。但 ABS 在加热后会产生强烈的刺激性气味,同时加热后的 ABS 可能会释放二甲苯等有毒物质,长期吸入对人体有害。因此,在使用 ABS 工业塑料作为打印耗材时最好不要在密闭的空间中打印,要注意环境的通风,并戴好口罩做好防护。

3）致敏材料

目前光固化打印机已应用在一些对表面打印质量有较高要求的场景中。光固化 3D 打印机使用的耗材是光敏树脂,这种耗材具有一定的毒性和刺激性气味。因此无论是添加还是更换打印耗材时,都要戴好手套和防毒面具,以防引起慢性病,特别是对光敏树脂过敏的人更要注意。

4）吸入性颗粒物

SLM 使用的打印耗材是金属粉末,这些粉末的平均粒径为 $25 \sim 150~\mu m$,容易被吸入人体的肺部或呼吸道,金属粉末长时间在人体内积累会导致呼吸系统和神经系统损伤。在使用 SLM 工艺时,通常建议使用长筒的皮手套和导电安全鞋、过滤面罩(FFP1、FFP2 和 FFP3),可以保护操作人员,免于吸入粉尘、烟雾和气溶胶。

3. 3D 打印常见问题及其解决方法

3D 打印机在使用过程中,经常会遇到诸如打印材料熔化后不能挤出、检测不到打印机、打印喷头温度过高、打印翘边等一系列问题,当发生这些问题时,只要能够及时正确地处理就不会对打印造成太大的影响。表 2-2 中总结了一些常见的故障和处理方法供读者在实践中参考。

FDM 打印质量常见问题及排除方法

表 2-2　3D 打印过程常见故障及处理方法

故障或问题	处理方法
打印机不工作	确认打印机呼吸灯是否点亮,检测电源及开关
检测不到打印机	(1) 检查打印机和计算机是否连接(USB/WiFi); (2) 重启打印机或计算机,重新打开 UP Studio 软件; (3) 检查打印机驱动程序是否正常
丝材不能挤出	(1) 从打印头抽出丝材,剪断末端,再重新装入打印头; (2) 丝材堵塞喷嘴,加热喷嘴用针疏通喷嘴或替换喷嘴; (3) 轴承与送丝机之间的间隙过大,调整两者间的间隙

续表

故障或问题	处理方法
打印头和平台无法加热到预设温度或过热	(1) 检查打印机是否初始化,如果未初始化,则初始化打印机; (2) 加热模块或温度传感器损坏,更换元件; (3) 加热模块连接导线损坏,更换导线
模型不能黏结在平台上	(1) 在平台上贴胶带或涂上胶水; (2) 喷嘴与平台距离太大,调节两者之间距离; (3) 打印速度太快,降低打印速度
模型打印高低不平	(1) 打印平台未调平,调整平台; (2) 平台上有杂质; (3) 平台上铺设的胶布或胶水不均匀
喷嘴出料不均匀	(1) 打印速度太快,降低打印速度; (2) 喷嘴内有杂质堵塞出料孔,疏通或更换喷嘴; (3) 层厚参数小于打印最高精度,修改层厚参数至合理范围
翘边	平台温度太低,材料遇冷收缩,适度提高平台温度
拉丝	打印温度太高,挤出的丝材处于流体状态,适度降低打印温度
断层	(1) 打印温度不够高,影响出料,适度提高打印温度; (2) 喷嘴内有杂质造成堵塞,疏通或更换喷嘴
顶层有孔洞或空隙	(1) 顶层厚度参数太小,适度增大顶层厚度; (2) 模型设计有问题,重新设计模型,如在垂直接触面加倒角; (3) 填充密度太小,适度增加填充密度; (4) 打印速度太快,降低打印速度
细节丢失	(1) 打印精度设置太小,体现不出细节,适度减小层厚参数; (2) 模型设计有问题,某些参数小于打印机喷嘴直径

2.5　基于逆向工程的设计与 3D 打印

1. 逆向工程概述

逆向工程（reverse engineering，RE）也称反求工程或反向工程，是对产品设计过程的一种描述。

传统的产品设计过程是一个从无到有的过程。设计者首先构思产品的外形、性能和大致的技术参数等，然后利用 CAD 技术建立产品的三维模型，最终将这个模型转入制造流程，完成产品的整个设计制造周期，这样的产品设计过程称为正向设计。

逆向工程则是一个从有到无的过程，是根据已经存在的产品或模型，反向推出产品的设计数据（包括图纸或模型）的过程。逆向工程与传统的产品设计方法不同，实现了从实际物体到几何模型的直接转换，是一种全新、高效的重构手段。图 2-47 所示为逆向工程的设计流程。

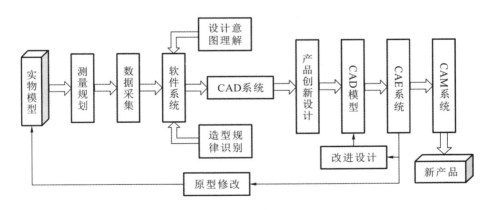

图 2-47　逆向工程设计流程

逆向工程是一项先进制造技术，能够快速开发制造出高附加值、高技术水平的新产品，可以显著缩短产品设计、加工制造周期。通常，广义的逆向工程包括影像反求、软反求和实物反求三种，其最终产品除了实现形状反求外，还包括功能反求、材料反求等诸方面。目前基于实物的逆向工程在现代先进制造技术

63

中应用越来越广泛,对于吸收先进技术及适应面对实物的设计具有重要的意义。

逆向工程的设计主要通过数据采样、数据处理及 CAD 三维模型的建立、产品功能模拟及再设计、后处理等步骤来实现。针对实物模型,利用三维数字化测量仪准确、快速地取得点云图像,随后经过曲面构建、编辑、修改,建立 CAD 三维模型之后,置入一般的 CAD/ CAM 系统,再由 CAD/CAM 计算出数控加工路径,最后通过数控加工设备加工出实际产品。基于实物的反求工程实际上是从实物模型,到 CAD 模型再到实际产品,并利用各种 CAD/CAM/CAE 技术再设计的过程,是计算机集成制造(CIMS)技术的一种。图 2-48 为逆向工程的实施流程。

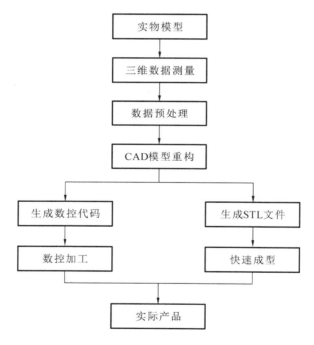

图 2-48　逆向工程的实施流程

2. 基于逆向工程的 3D 打印关键技术

基于逆向工程的 3D 打印有五大关键技术,主要包括数据获取、数据预处理、数据分块与曲面重构、CAD 模型构造和快速原型等。

1) 数据获取

获得重构 CAD 模型的离散数据是逆向工程 CAD 建模的第一步。只有获取正确的测量数据,才能进行误差分析和曲面比较,实现 CAD 曲面建模。目前,数据采集方法主要分为接触式测量和非接触式测量两类。接触式测量是通过传感测量设备与样件的接触来记录样件表面的坐标位置,接触式测量的精度一般较高,可以在测量时根据需要进行规划,从而做到有的放矢,避免采集大量冗余数据,但测量效率很低。非接触式测量方法主要是基于光学、声学、磁学的基本原理,将测得的物理模拟量,通过适当的算法转化为表示样件表面的坐标点信息的数字量。非接触式测量技术具有测量效率高的特点,所测数据能包含被测物体足够的细节信息。由于非接触式测量技术本身的限制,在测量时会出现一些不可测区域(如型腔、小的凹形区域等),可能会造成测量数据不完整。

逆向工程中常用的数据采集设备有:三坐标测量仪(见图 2-49)、激光测量仪(见图 2-50)、非接触激光三维扫描仪(见图 2-51)、工业 CT、数控机床(NC)加工测量装置、专用数字化仪器等。

图 2-49　三坐标测量仪

图 2-50　激光测量仪

图 2-51　非接触激光
三维扫描仪

在高校工程训练场景中常用到 YF-3020 影像测量仪、PowerScan-E 三维测量仪、EinScan Pro 2X 手持式三维扫描仪等几款设备,下面分别介绍这几款设备的原理及相应软件。

(1) YF-3020 影像测量仪。YF-3020 影像测量仪测量原理:光学显微镜将待测物体进行高倍率光学放大成像,CCD 摄像系统将放大后的物体影像送入计算机后,测量软件能高效地检测各种复杂工件的轮廓和表面形状尺寸、角度及位置,特别是精密零部件的微观检测与质量控制。YF-3020 影像测量仪以二维测量为主,也能通过高倍物镜聚焦或 3D 探针方式做简单的三维测量。可将测量数据直接输入 AutoCAD 中,成为完整的工程图,图形可生成 DXF 文档,也可输入 Word、Excel 中,进行统计分析。YF-3020 影像测量仪及配套的 WM-CNC 测量软件如图 2-52 所示。

图 2-52 YF-3020 **影像测量仪及配套的** WM-CNC **测量软件**

(2)PowerScan-E 三维测量仪。其采用面结构光原理,通过光栅扫描和标志点全自动拼接技术,能快速获取被测物体表面的三维形貌,具有高效率、高精度、高寿命、高解析度等优点,特别适用于复杂自由曲面的逆向建模,主要应用于产品研发设计、逆向工程及三维检测。其最大的特点是扫描精度高、解析度高。PowerScan-E 三维测量仪及配套的三维测量软件如图 2-53 所示。

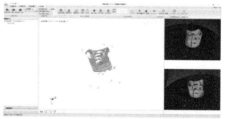

图 2-53 PowerScan-E **三维测量仪及配套的三维测量软件**

(3)EinScan Pro 2X 手持式三维扫描仪采用结构光原理,通过投影或者光栅同时投射多条光线来采集物体的一个表面,采集几个面的信息就可以完成体扫描,其最大的特点是扫描速度快。EinScan Pro 2X 三维扫描仪及 SHINING 3D 软件如图 2-54 所示。

图 2-54　EinScan Pro 2X 三维扫描仪及 SHINING 3D **软件**

2）数据预处理

数据预处理是逆向工程 CAD 建模的关键环节,其结果的好坏将直接影响后期重构模型的质量。此过程包括噪声处理、数据精简与多视图拼合等多方面的工作。由于在实际测量过程中受到各种人为和随机因素的影响,导致所得数据不连续或出现数据噪声,为了降低或消除噪声对后续建模质量的影响,有必要对测量点云进行平滑滤波。对于高密度点云,由于存在大量的冗余数据,为提高软件处理及计算效率,有时需要按要求减少测量点的数量。多视图拼合的任务是将多次、不同角度获得的测量数据融合到统一坐标系中。

数据预处理阶段可以利用 Geomagic Wrap 软件的点云数据处理工具栏,将点云进行噪声处理、数据精简与数据封装,生成 STL 格式的模型。如图 2-55 所示为 Geomagic Wrap 软件的点云数据处理工具栏。

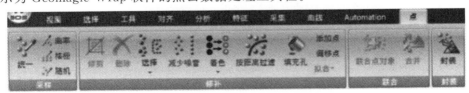

图 2-55　Geomagic Wrap **软件点云数据处理工具栏**

3）数据分块与曲面重构

产品表面是由多张曲面片组成，往往无法由一张曲面片完整描述，因而必须将测量数据分割成属于不同曲面片的数据子集，然后对各子集分别构造曲面模型。数据分块大体可分为基于边、基于面和基于边/面的混合分块技术。

曲面重构是逆向工程的关键环节，其目的是要构造出能满足精度和光顺性要求，并与相邻的曲面光滑拼接的曲面模型。根据曲面拓扑形式的不同，可将曲面重构方法分为两大类：基于矩形域曲面的方法和基于三角域曲面的方法。在 3D 打印中广泛采用 STL 格式，STL 格式即是用三角形小面片来近似地表示三维实体模型的形状，为让不同格式数据更容易进行交互，在与 3D 打印技术相结合的逆向工程中通常采用基于三角域曲面的方法进行曲面重构。

数据分块与曲面重构阶段可以利用 Geomagic Wrap 软件的多边形工具栏，将封装为 STL 格式的模型中存在的缺陷通过网格医生、去除特征、松弛多边形、填充孔等功能进行修复，再通过锐化向导及拟合到面等功能得到模型完整的轮廓线、不同曲面面片，从而生成完整的 STL 模型。如图 2-56 所示为 Geomagic Wrap 软件的多边形工具栏。

图 2-56 Geomagic Wrap 软件的多边形工具栏

4）CAD 建模

CAD 建模是从扫描数据创建出 CAD 特征，从而还原产品的 CAD 模型及设计图纸，在此基础上对产品实现再设计。例如对逆向产品 CAD 模型的参数化修改、优化尺寸结构，或生成产品相应模具的 CAD 模型。

CAD 建模可以利用 Geomagic Design X 软件完成。Geomagic Design X 软件能够以 3D 扫描数据为基础创建 CAD 模型，如图 2-57 所示为 Geomagic Design X 软件的建模界面。

5）快速原型

快速原型也是逆向工程的一个必要环节。在逆向工程中，以 3D 打印为代表的增材制造或以数控加工机床为代表的减材制造均可用来快速制作实物。通过对制得的原型产品进行快速、准确的测量，验证零件与原设计中的不足，可

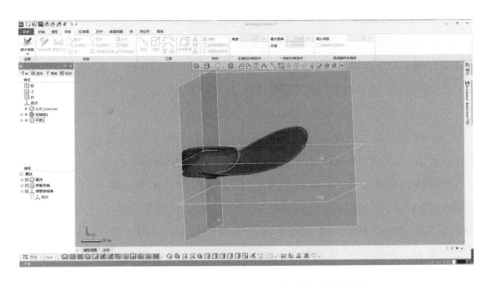

图 2-57　Geomagic Design X 软件的建模界面

形成一个包括设计、制造检测的快速设计制造闭环反馈系统,使产品设计更加完善。

3. 基于逆向工程的 3D 打印的应用

逆向工程技术实现了设计制造技术的数字化,为现代制造企业充分利用已有的设计制造成果带来便利,从而降低新产品开发成本、提高制造精度、缩短设计生产周期。据统计,在产品开发中采用逆向工程技术作为重要手段,可使产品研制周期缩短 40% 以上。

逆向工程的应用领域主要是飞机、汽车、玩具及家电等模具相关行业,特别对以生产各种汽车、玩具配套件企业有着十分广阔的应用前景。这些企业经常需要根据客户提供的样件制造出模具或直接加工出产品。在这些企业,测量设备和 CAD/CAM 系统是必不可少的。

近年来随着生物、材料技术的发展,逆向工程技术也开始应用于人工生物骨骼等医学领域。但是其最主要的应用领域还是在模具行业。由于模具制造过程中经常需要反复试冲和修改模具型面,对已达到要求的模具经测量并反求出其数字模型,在后期重复制造或修改模具时,就可方便地运用备用数字模型生成加工程序,快捷完成重复模具的制造或修改,从而大大提高模具的生产效率,降低模具制造成本。

1) 无设计图纸的设计——卫星光学镜头固定支架

（1）应用场景。在无设计图纸或者设计图纸不完整的情况下，通过对零件原型进行测量，生成零件的设计图纸或 CAD 模型，并以此为依据产生 3D 打印格式文件或数控加工的 NC 代码，加工复制出零件原型。

（2）应用案例。在卫星研制过程中，其产品大部分为非标零件，基本需要定制，例如，在卫星的总装收拢中，需要以特定的支架来固定光学镜头，这是卫星研制中较为重要的一环，其对于卫星的成像能力会有影响。

在传统的定制开发下，需要测量镜头的关键尺寸，依据这些尺寸进行 3D 制图设计支架，设计完成后，找相应的生产厂商加工，整体来说耗时较长且制造成本较高。这里我们采用一个更加高效的逆向工程 3D 打印方案——通过高精度三维扫描 FreeScan UE 系列设备和 3D 打印技术实现光学镜头固定支架的定制化制作，其工作流程如图 2-58 所示。

图 2-58　定制化光学镜头固定支架的工作流程

① 三维扫描仪扫描光学镜头，获取镜头的完整数据。FreeScan UE 系列具有广泛的材质适应性，面对黑色、反光材质的镜头，可以完整地获取数据。

② 通过三维扫描数据进行固定支架的设计，可以根据镜头的准确尺寸、实际形状来设计固定支架，以实现支架与镜头的良好匹配。

③ 将设计完成的支架通过 3D 打印制作成型。

通过高精度三维扫描和 3D 打印技术，能够快速实现卫星的非标零件定制，加快了设计、生产过程，从而加快卫星整体研制进程。

2) 以实验模型作为设计依据——赛车壳体开发

（1）应用场景。对要通过实验测试才能定型的工件模型，可以采用逆向工程的方法来制造模具。比如航空航天领域，为了满足产品对空气动力学等条件要求,首先要在初始设计模型的基础上经过各种性能测试,如风洞实验等,通过实验不断修正模型,直到建立符合要求的产品模型,这类零件一般具有复杂的自由曲面外形,最终获得的实验模型将成为设计这类零件及反求其模具的依据。

(2)应用案例。Formula Student(学生方程式大赛)是欧洲最成熟的教育赛车比赛,每年邀请欧洲各大学学生团队,由他们自行开发和制作赛车,评审团将从速度、技术、安全、营销和设计等多维度对赛车进行最终评比。

开发赛车是一个复杂的过程,学生需要系统性地运用机械工程、空气动力学以及计量学等方面的知识,完成既有设计美感,又有高性能表现的赛车。为了夺得头筹,学生往往需要花费大量的时间与精力在项目中,不断改造和提升赛车的设计。传统测量方法难以获取完整车体几何形状,参赛学生选择使用FreeScan X5 激光手持 3D 扫描仪采集汽车壳体表面数据。FreeScan X5 操作便捷灵活,测量精度高达 0.030 mm,体积精度高达 0.020 mm+0.080 mm/m,扫描速率可达 350000 次/秒,即便是大尺寸的赛车壳体也可在短时间内获得其高精度数据,大大提升赛车开发过程的工作效率。赛车开发工作流程如图 2-59所示。

① 考虑汽车壳体尺寸较大,需粘贴标志点在整个车辆上进行三维扫描;

② 将获得的扫描数据以 STL 格式输出;

③ 在专业软件中导入扫描数据与原始数据进行比对,并快速生成检测报告。

图 2-59 赛车开发流程

3)以真实比例的木制或泥塑模型来评估设计——腕关节的外固定支架制作

(1)应用场景:汽车外形设计中,往往采用真实比例的木制或泥塑模型来评估设计,再正式投入生产;此外,人体工学产品设计、文创产品创意开发等行业都需要借助逆向工程的设计方法,以实现精准定制。

（2）应用案例。传统骨科外固定技术是采用石膏帮助复位，但打石膏效率太低、不精准，且不便于伤口的洗护。于是，可以轻松帮助患者精准复位、减少患者痛苦、促进骨折愈合的 3D 打印外固定架技术近年来应用得越来越多。

武汉必盈生物科技股份有限公司打造出了即时 3D 打印外固定系统，该系统是一种可以通过手持扫描设备获取体表数据，以数字模型文件为基础，运用复合淀粉基粉末材料通过 3D 打印的方式来即时构造外固定支具的自动化系统。利用高效的三维扫描技术与 3D 打印技术结合，将外固定支架的制作时间缩短到 20 min，其复位精确、支具固定牢靠，能促进骨折愈合，减少术后恢复时间，减轻患者痛苦。

腕关节的外固定支架制作流程如图 2-60 所示。

① 使用手持式 3D 扫描仪对着手腕进行扫描，20 s 内手腕模型就能在电脑上自动绘制出来，随即自动化生成相对应的外固定支架模型；

② 模型数据经过系统智能化处理设计、切片，10 min 左右手腕的外固定支具就能用 3D 打印机打出来。

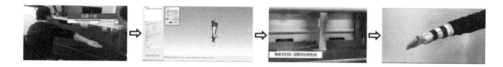

图 2-60　腕关节的外固定支架制作流程

2.6　3D 打印设计案例——高乃依印章设计与打印

在文创产品的设计中，往往会借助真实物体的信息，完成产品定制，充分满足产品的个性化需求。本节介绍采用正向逆向结合的设计方式，利用 EinScan Pro 2X 三维扫描仪、SHINING 3D 软件、Win10 系统自带的 3D Builder 三维建模软件及 3D 打印机等软硬件快速制作高乃依印章（见图 2-61）的过程。

第一步：逆向设计——高乃依像的三维扫描与模型重构。

在高乃依半身像下方垫一块黑布，隔绝其他物体。打开 SHINING 3D 软件,选择"手持快速扫描"。手持 EinScan Pro 2X 三维扫描仪,打开开关,使扫描仪与高乃依像保持一定距离并缓缓移动,从各角度扫描高乃依像,如图 2-62 所示。

图 2-61　高乃依印章模型

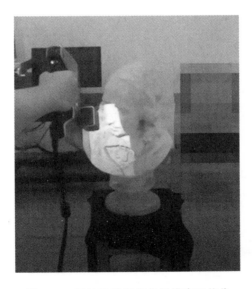

图 2-62　手持三维扫描仪扫描高乃依像

软件中实时显示扫描到的图像,如图 2-63 所示。对整个表面做完一次扫描后,点击"暂停"按钮,检查扫描到的三维模型表面有无缺漏,如有较大缺漏,重新扫描该区域,直至完成表面扫描,完成后的高乃依像如图 2-64 所示。

图 2-63　SHINING 3D 软件界面
实时显示扫描到的图像

图 2-64　扫描完成后
的高乃依像

选择生成点云,封装模型。选择"封闭模型",软件将自动处理数据,修复小的缺漏,完成数据封装,保存数据,3MF 格式文件可用 3D Builder 软件进行编辑,因此保存为 3MF 格式,数据保存界面如图 2-65 所示。设置缩放比例为"10％",将模型尺寸调整到适合 3D 打印的大小,如图 2-66 所示。至此,完成高乃依像的三维扫描与模型重构。

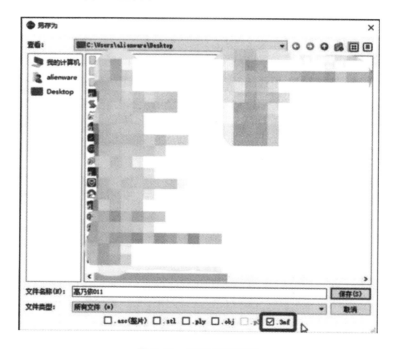

图 2-65　数据保存界面

第二步:正向设计——印章模型设计。

(1)建立"高乃依印"文字模型,将文字保存为图片。在 Word 软件中写出

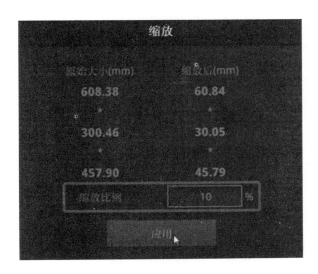

图 2-66　缩放比例调整界面

印章上要刻的文字"高乃依印",调整合适的间距、字体,截图保存为"图片 1",如图 2-67 所示。

（2）将图片导入 3D Builder 软件。打开 3D Builder 软件,点击"新建场景",选择"插入"→"添加"→"加载图像",选中"图片 1"。导入方法选择"轮廓",点击"导入图像",得到文字组合模型,如图 2-68 所示。

图 2-67　高乃依印文字组合　　　图 2-68　3D Builder 软件导入图像界面

（3）插入立方体模型。插入一个边长为 40 mm 的立方体,如图 2-69 所示。

（4）调整立方体和文字组合模型的大小和位置。选中文字组合模型,点击"缩放"按钮 ⊠,调整文字组合的长、宽、高分别为 36、36、2;分别选中立方体与文字组合模型,点击"移动"按钮 ⊡,将立方体中心坐标改为（0,0,20）,将文字组合体的中心坐标改为（0,0,39）,如图 2-70 所示。

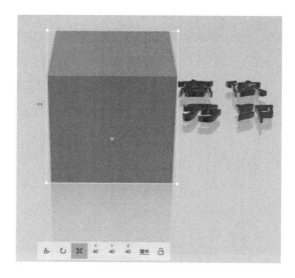

图 2-69　插入立方体

（5）组合立方体和文字组合模型并镜像。选中文字组合，点击编辑选项卡中"减去"按钮■，得到正向印章模型；点击对象选项卡中"镜向"按钮⇄，得到镜向印章模型，如图 2-71 所示。

图 2-70　调整立方体和文字
组合模型的大小和位置

图 2-71　镜向印章模型

第三步：组合人像及印章模型。

（1）添加人像模型。选择"插入"→"添加"→"加载对象"，选择三维扫描重构的高乃依像模型(文件格式为 3MF),并用移动、旋转、缩放命令调整印章方向、高乃依像大小、位置,步骤与建立印章过程相同。

(2)组合人像及印章模型。选择"编辑"→"合并",将人像与印章模型合为一个整体,完成高乃依印章模型的建立,即生成如图 2-61 所示的高乃依印章模型。另存为 STL 格式,如图 2-72 所示。

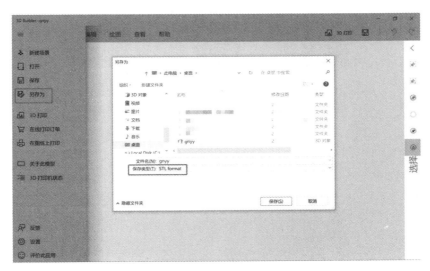

图 2-72　另存为界面

第四步:高乃依印章的 3D 打印。

按照第 2.3 节中的方法对设置打印参数,将高乃依印章的 STL 格式文件导入 UP Studio 软件中,设置好打印参数后即可启动打印机进行打印,打印完成后的高乃依印章实体如图 2-73 所示。

图 2-73　打印完成的高乃依印章

拓 展 资 源

3D 打印　　　　3D 打印设计　　　3D 打印设计之
建模技巧　　　　规范—FDM　　　　45°角法则

第3章　3D打印创新与实践

经过前面的学习,大家对 3D 打印技术已经有了清晰的认识,它是一种快速成型技术,可以在较短时间内低成本、迅捷地将设计创意转化为形象化、立体化的三维实物原型。

3D 打印技术为创意产品设计与研发提供了新的实现途径,不仅拓展设计师的想象空间,缩短从设计到成型的周期,而且还可降低创意设计的成本,能满足产品的个性化设计需求。

同时,3D 打印技术能够完成反复的设计迭代,在开发的初始阶段,及时掌握产品设计反馈的信息迅速修改设计,缩短创意产品的上市时间,快速赢得社会效益和经济效益。

本章将结合编者在教学、学科竞赛以及科研工作中的案例与大家共同探讨工程训练中 3D 打印创新方法、产品创新、造型创新、机构设计创新和综合创新应用实践等方面的内容。

学习目标:

(1)掌握设计表达、工程图绘制和三维建模的基本操作技能。

(2)掌握 3D 打印机使用方法和模型装配技能。

(3)理解 3D 打印工艺特点,能独立完成模型的创意设计,培养创新思维能力。

(4)掌握 3D 打印综合训练的基本方法,结合创新实践的步骤和途径,从实际问题出发,积极探索未知领域,进一步提高解决实际问题的能力。

(5)培养严谨推理、实事求是和理论联系实际的科学态度,能在创新实践活动中提出自己独特、有创意的见解。

3.1 工程创新与创新方法

1. 创新的内涵与类型

1）创新的概念

国外对创新的研究，起源于 20 世纪美国经济学家熊彼特在 1912 年出版的《经济发展概论》。熊彼特提出创新是指把一种新的生产要素和生产条件的"新结合"引入生产体系。它包括五种情况：引入一种新产品，引入一种新的生产技术，开辟一个新的市场，获得原材料或半成品的一种新的供应来源，新的组织形式。

什么是创新，从字面上来说，创新就是抛开旧的，创造新的。从创新的内涵和外延方面来讲，创新不同于自然形成新东西，它必须是由人创造发明的、过去从来没有的；或是从来不曾有人研究过的，通过研究提出了自己的符合事实的看法；或虽有人研究，但结论不符合事实，通过研究纠正了前人的错误，提出了正确的新见解；或在前人研究的基础上增加了新内容。

创新是人们根据既定的目的，调动已知信息、已有知识，开展创新思维，产生出某种新颖、独特、有社会价值的新概念或者新设想、新理论、新技术、新工艺、新产品等新成果的智力活动过程。

创新的本质是突破，即突破旧的思维定式，旧的常规戒律。创新活动的核心是"新"，或者是产品的结构、性能和外部特征的变革，或者是造型设计、内容的表现形式和手段的创造，或者是内容的丰富和完善。

创新是人类对于发现的再创造，是对于物质世界矛盾的再创造。人类通过对物质世界的再创造，制造新的矛盾关系，形成新的物质形态。创意是创新的特定形态，意识的新发展是人类自我的创新。发现与创新是人类解放物质世界的两种不同的创造性行为，两者构成了人类自我创造及发展的矛盾关系。发现与创新代表两种不同的创造性行为。只有对发现的否定性再创造才是人类产生及发展的基本点。

从工程训练的角度看,实践才是创新的根本所在。

2)创新的分类

创新涵盖众多领域,包括政治、军事、经济、社会、文化、科技等领域,不同的学者从不同的角度对创新进行了研究,形成了创新的各种分类。

第一种分类将创新分为原始创新和模仿创新。原始创新本身的思路属于创造发明,把发明市场化,最后取得经济效益,这就是原始创新;模仿创新是在已有基础上进行改进。

第二种分类将创新分为单项创新和集成创新。其中,集成创新可以分为纵向集成创新和横向集成创新。纵向纵向集成就是工程链,作为工作流程来讲,要从研究到开发到设计,再到制造运行和营销。从实物来讲,首先要有思想,根据思想来做样品,然后做产品,最后做商品,该工程链里面每一个环节都有创新的问题。

第三种分类重点强调技术创新程度、对象以及技术变动的方式。按照创新程度和过程,可分为重大创新和一般创新,突变式创新和渐进式创新,核心技术创新和非核心技术创新;按照创新对象分为产品创新和工艺创新;按照技术变动的方式分为局部性创新、模式性创新、结构性创新和全面性创新。

第四种分类从创新主体的层次,将创新分为国家创新、区域创新与企业创新(产业创新)。我国国家层面创新已经进入创新 2.0 阶段,总结起来就是大众创业、万众创新,即以大众创新、用户创新、开放创新、共同创新为特点,强化人人参与、以人为本的创新。

2. 创新思维与方法

1)创新思维

创新思维指思维主体从固定的概念出发,遵循固定的程序,达到固定成果的思维方法。创新思维产生于人类生产与生活实践之中,并且不断丰富发展。经过实际生产生活的检验,许多常用的创新思维被总结出来。这些思维方法看似简单,却非常实用有效。特别是当这些创新思维成为自觉的思维习惯时,会产生巨大的成效。熟悉并用心体会以下这些创新思维的特征和规律,是培养创新能力的有效途径。根据思维在运作过程中的作用地位,总结为十大创新思维,即:①形象思维;②抽象思维;③发散思维;④收敛思维;⑤动态思维;⑥有序思维;⑦直觉思维;⑧质疑思维;⑨灵感思维;⑩创造性综合思维。

2)创新方法

人们在创新实践中总结了数百种创新方法,不同的方法适合不同领域的创新,适合解决问题的不同环节,反过来讲,同一个创新也可以采用多种创新方法。常用的创新方法有十种,即:①想象法(联想法);②模仿法(仿真方法);③组合法;④移植法;⑤类比法;⑥逆向法;⑦列举法;⑧形态分析法;⑨头脑风暴法;⑩系统思考法。

3. 工程训练创新方法

工程训练重点关注产品创新(技术创新和工艺创新)、造型创新、机构创新及其综合创新等。

1)产品创新

产品创新是指新产品在经济领域中的成功运用,包括对现有要素进行重新组合而形成新的产品的活动。产品创新是一个全过程的概念,既包括新产品的研究开发过程,也包括新产品的商业化扩散过程,其首要的创新是产品创新设计。所谓产品创新设计可以理解为一个创造性的综合信息处理过程,通过多种元素,如线条、符号、数字、色彩等方式的组合,把产品的形状以平面或立体的形式展现出来。它是将人的某种目的或需要转换为一个具体的物体的过程,把一种计划、规划设想、问题解决的方法,通过具体的操作,以理想的形式表达出来。

一个好的设计不仅使产品具有美观的形态,还能提高产品的实用性能。因此,产品设计时要从现代科技、经济、文化、艺术等角度对产品的功能、构造、形态、色彩、工艺、质感、材料等各方面进行综合处理,以满足人们对产品的物质功能和精神功能的需求。

产品创新设计有改进型创新设计和原创设计(全新设计)。其中,原创设计是指通过首次向市场导入能对经济产生重大影响的创新产品或新技术,或通过新材料、新发明的应用,在设计原理、结构或材料运用等方面有重大突破,从而形成新产品与新市场的过程。

概念型产品设计,又称为未来型设计,也是产品创新的方式。是一种探索性的设计,旨在满足人们未来的需求。这些设计在今天看来,可能只是幻想,但未来却可能成为现实。这种创新设计会极大地推动技术、生产和市场的开发。

例如,各大汽车厂商投入相当大的资源进行概念车型的开发和设计,进行未来市场的预测等就是一种典型的概念型产品创新。

2）造型创新

以机电产品创新设计为例,机电产品造型创新是研究机电产品外观造型设计和人机系统工程的一门综合性学科,不仅涉及工程技术、人机工程学、价值工程和可靠性技术,还涉及生理学、心理学、美学和市场营销学等领域,是将先进的科学技术和现代审美观念有机地结合起来,使产品达到科学和美学、技术和艺术、材料和工艺的高度统一,既不是单纯的工程设计,也不是单纯的艺术设计,而是将技术与艺术结合为一体的创造性的活动。

机电产品造型创新包含三个基本要素,即物质功能、技术条件和艺术造型。

（1）物质功能就是产品的使用功用,是产品赖以生存的根本所在。物质功能对产品的结构和造型起着主导和决定作用。

（2）技术条件包括材料、制造技术和手段,是产品得以实现的物质基础,它随着科学技术和工艺水平的不断发展而提高。

（3）艺术造型是综合产品的物质功能和技术条件而体现出的精神功能。造型艺术性是为了满足人们对产品的欣赏要求,即产品的精神功能由产品的艺术造型予以体现。

产品造型创新的三要素同时存在于产品创新中,它们之间有着相互依存、相互制约和相互渗透的关系。物质功能要依赖于技术条件的保证才能实现,而技术条件不仅要根据物质功能所引导的方向来发展,而且还受产品的经济性制约。物质功能和技术条件在具体产品创新中是完全融为一体的,而造型艺术事实上往往受到物质功能的制约。

3）机构创新

机构创新设计是产品设计的关键,而机构形式的设计又可以说是机构设计中最为关键和富有创造性的环节。对于机构创新设计,有几个基本原则,如机构尽可能简单、尽量缩小机构尺寸、使机构具有较好的力学性能等。

常用的机构创新包括机构的选型和构型两方面,而机构的构型具有更强的创新含义。

（1）通过组合和扩展以构型新机构。

① 通过组合构型新机构是最基本的机构创新方式。在许多场合,特别是在

要求多样化的场合,采用单一机构通常不能满足设计的总体要求。如凸轮机构可以实现任意的运动规律,但行程不可调;齿轮机构具有良好的运动和动力特性,但运动形式简单;连杆机构组型多样,但难以实现特殊的、精确度要求较高的运动规律等。抽取各种机构的特点加以组合,就有可能得到能够满足所需性能的新机构。

② 机构创新中的另一种方式为机构的扩展,即以原有的机构为基础,通过增加新的构件以构成新机构。在机构扩展后,原有各构件的相对运动关系保持不变,但新机构的某些性能将与原机构有很大的差别。

(2)机构的倒置创新方法。

机构的倒置创新是将机构的运动构件与机架进行转换来获得新机构的方法。按照相对运动规律的不变性,机构倒置后各构件间的相对运动关系不变。根据这一特点可以获得多种不同的新机构。机构倒置所对应的原理是反向原理。

(3)局部改变创新方法。

通过对机构的局部形状作适当的变换,从而使原有的机构获得某种新功能的方法称为机构的局部改变创新方法。

(4)运用机构的移植和模仿创新方法。

机构的移植和模仿是机构创新的常用方法。

移植是将一机构中的某种结构应用于另一种机构的方法。

模仿是指利用某一机构特点设计新机构的方法。

(5)运用广义机构的创新方法。

广义机构是指利用液、气、声、光、电、磁等工作原理的机构。运用广义机构的创新方法所对应的原理除了机械系统的替代原理以外,液动与气动机构、电磁机构、特殊驱动机构、柔顺机构、振动与惯性作用机构等的应用也将有助于产生各种新的广义机构。

4)综合创新

以任务为导向,将创新的理论和方法融入综合创新的实践中。综合创新首先是机构创新,包括机构设计、结构设计,创新性的分析和解决工程实际问题描述;然后将创新设计与 3D 打印技术相结合,在此基础上进行综合创新,完成一个产品构思、设计、优化、制作的全过程。

综合创新主要分为三个步骤：

（1）将工程实际问题抽象为机构综合设计，即机构的总体方案设计；

（2）将机构运动方案具象为有结构尺寸的零件组合，即零件的三维模型设计；

（3）将三维模型转变成产品（实物），即应用 3D 打印技术制作零件并组装。

3.2　3D 打印创新实践案例

1．鲁班锁产品创新设计与制作

3D 打印技术的出现，给产品设计制造带来了革命性的改变。只要了解计算机控制程序及基本打印要求，无须了解数百种不同的制造工艺和流程，就可以完成一个零件或者作品的全过程制造。3D 打印技术的发展将设计推到了比任何时候都更加宏观和开放的地位，现代设计将进入无限制、多元融合、充满无限可能并且不断进化的时代。

鲁班锁内部的凹凸部分啮合十分巧妙，其中，六根鲁班锁最为著名。鲁班锁是老少皆宜的休闲玩具，对放松身心、开发大脑均有好处。

使用传统的木工制作方法加工一个鲁班锁的过程为：下料、画线、锯削、后处理等。其模型的制作过程需要较长的时间，且木工的熟练程度将直接决定作品的成败。如果制作的模型效果没有达到预期要求，就要修改返工，再次制作模型，大大延长了制作时间。

根据鲁班锁的结构，发挥空间想象力，借助三维建模软件，绘制其三维模型，再将模型转化为 STL 格式，使用 3D 打印机进行打印并装配为物理模型。

1）鲁班锁的设计

（1）影响设计的因素。

进行鲁班锁设计时，应充分考虑影响设计的因素。

在进行零件结构设计前，首先应考虑 3D 打印的工艺要求、零件之间的位置关系和配合要求、零件的定位和紧固等，还需对关键零部件进行力学分析和强度校核。

① 影响设计的要素一:最大尺寸。

零件最大尺寸的确定主要考虑打印机的成型尺寸、打印时间及耗材的用量。

最大一次性成型尺寸取决于打印机的打印空间大小,但是通常情况下不会打印与打印机空间一样大的产品。因为打印的尺寸越大,越易发生翘曲现象,出现不良品的风险也随之加大。因此在产品允许的情况下,可以选择切割拼接工艺来减少风险,同时还可以适当降低打印费用。

② 影响设计的要素二:最小尺寸。

模型或零件最小尺寸的确定主要是考虑打印件的强度、打印精度、打印时间及耗材的用量。如果在一个模型中只有一两个局部尺寸相对很小,那么在选择填充率时就会处于两难境地,这时最好将局部尺寸适当放大,或将结构分解。单个模型也不要设计过小,以保证成品质量。

③ 影响设计的要素三:打印支撑。

在模型设计时需提前考虑 3D 打印 45°法则。在不影响产品使用功能和机构运动的前提下,尽量用减少支撑的设计。支撑结构影响模型表面的粗糙度,并且增加了后处理的难度。

④ 影响设计的要素四:配合尺寸的认定。

零件之间有的需要相对运动,有的需要紧固,这些可以通过零件的配合来实现。配合尺寸的公差选择要根据打印精度来确定。有些重要部分的尺寸还需要采用单元测试的方法来确定。

(2)三维模型的建立。

利用 SolidWorks 中的草图和拉伸、拉伸切除等命令,绘制三维图,如表 3-1 所示。绘制完成后,保存文件。

表 3-1　鲁班锁设计过程

名称	二维图	三维图
鲁班锁组合件 1		
鲁班锁组合件 2		
鲁班锁组合件 3		
鲁班锁组合件 4		

续表

名称	二维图	三维图
鲁班锁组合件 5		
鲁班锁组合件 6		

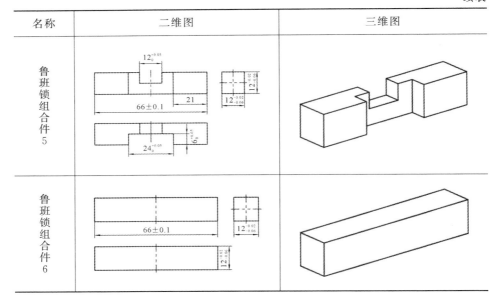

2) 鲁班锁的 3D 打印

(1) STL 模型的导出与检测。

① STL 文件的导出。选择设计好的各零件的三维模型文件,执行"另存为"→"STL"命令,弹出"快速成型"对话框,设置选择默认,单击"确定"按钮,即可得到各个零件所对应的 STL 文件。

② STL 模型文件的检测与修复。一般情况下,使用工业级软件设计的模型很少出现破边、共有边、共有面等错误,但安全起见,还是分别将上述 STL 模型导入 netfabb 软件检测,只要不出现警告标志,模型就没有问题。

(2) 模型的切片处理。

采用 UP Plus 2 打印机,其打印范围为 140 mm×140 mm×135 mm,载入 STL 模型文件,完成切片处理,并得到 G 代码文件。

鲁班锁的打印件主要作为装配件使用,对模型的精度和强度要求不是特别高,且造型上符合 FDM 工艺层层堆叠向上生长的趋势。所以在打印设置时以节省打印时间为主,主要调节模型打印方向、层厚、填充密度三个参数,如图 3-1 所示。

在打印一些角度较大或者悬空的部分时,由于重力作用,可能发生坍塌,造

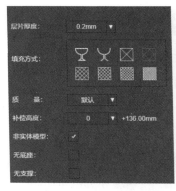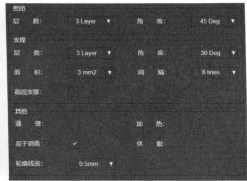

图 3-1　基本参数设置

成打印失败。这时需给这些部分添加支撑,所有的切片软件都有支撑设置选项。切片软件的支撑设置一般有 3 种:无支撑、不完全支撑、完全支撑。在选择支撑时,不必要选择支撑的尽量进行无支撑打印,太多的支撑往往会使模型表面质量受损,去除比较困难,影响表面质量。图 3-2(a)、(b)为同一块鲁班锁,图 3-2(a)为无支撑,打印时间短,耗材用量少。图 3-2(b)方框部分为自动设置的支撑,这将增加后处理难度,影响表面质量。因此,相同层厚和填充密度设置情况下,优先选择图 3-2(a)的模型摆放方式。

(3) 模型的打印与后处理。

在开始打印模型前,做好以下准备工作:确保材料已经安装完毕;确保喷头能够顺利出丝;确保平台已经调平。

① 3D 打印机开机并进行初始化,在设置参数之后,点击"打印"按钮。

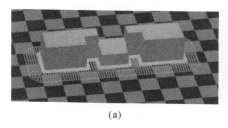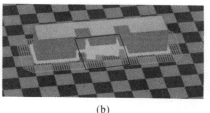

(a)　　　　　　　　　　　　　　(b)

图 3-2　不同摆放方式支撑的比较

② 打印平台和喷头开始预热,当达到设定温度后,打印机开始工作。如图 3-3 所示。ABS 材料的熔融温度为 265 ℃ 左右,PLA 材料的熔融温度为 210 ℃ 左右,信息提示栏可以显示剩余打印时间。

| 424385 | ▼ | 100% | 76% | ◉ ABS（T... | 剩余:1h17m |

图 3-3　打印信息显示

③ 打印开始后的前五分钟,需在打印机旁查看底层与平台黏结情况,如图 3-4 所示。

图 3-4　底层与平台黏结情况　　　　图 3-5　打印完成

④ 打印过程中,检测零件的打印效果,检查是否出现翘边、挂丝、走步等问题,确保成品质量。

⑤ 打印完成后,使用铲刀铲下模型,如图 3-5 所示,使用尖口钳去除支撑,得到成品,如图 3-6 所示。

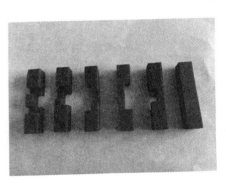

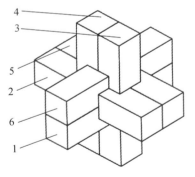

图 3-6　后处理的成品图　　　　图 3-7　鲁班锁装配示意图

3）装配

由于 3D 打印是通过材料的物理或化学状态变化而成型的过程,在成型的过程中,除去机器本身性能导致的精度差距,绝大多数的精度差距取决于材料的收缩比例,模型的厚度、形状,以及喷头和打印平台的温度,都会导致成型件的应力释放,从而产生精度差。故在使用 3D 打印工艺时,除了产品设计要留有装配余量外,最好先打印测试件,测量材料的缩放比例,然后微调三维数据,这样才能使打印出来的成品精度更高。鲁班锁的装配示意图、三维模型和打印成品分别如图 3-7、图 3-8、图 3-9 所示。

图 3-8　三维模型

图 3-9　打印成品

2. 摩天轮结构设计实践

摩天轮的结构较为简单,主要由轮盘结构、支撑结构和驱动系统组成。挂在轮边缘的是供乘客搭乘的座舱,乘客坐在座舱里,摩天轮慢慢旋转,乘客可以从高处俯瞰四周景色。摩天轮一般出现在游乐园(或主题公园)与园游会,如图 3-10、图 3-11 所示。

本案例采用 3D 打印技术制作可作为装饰摆件,也可以作为学习结构之用的摩天轮。

图 3-10　天津之眼

图 3-11　南昌之星

1）摩天轮设计

（1）转盘结构。

本案例设计的转盘（见图 3-12）采用了双支撑双层圆盘面作为整体结构，每一层圆盘面由六个相同的扇形采用插槽拼接而成，两圆盘中间用棒状的连杆进行连接，同时圆盘轴心处设有六个圆柱形插口用于固定转轴。每一个扇形圆周边上有三个预留的插口，两边对称的插口用于连接棒状连杆，以固定两层盘面，中间插口用来安装座舱。

 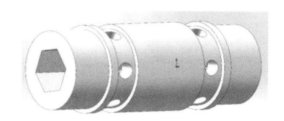

图 3-12　转盘结构图　　　　　　图 3-13　转轴结构图

（2）转轴（见图 3-13）。

转轴主要有三个部分：支架连接面（最外一圈），圆盘连接面（次外圈）和齿轮连接面（截面）。支架连接面是光滑的圆柱面，用于和支架的圆孔进行连接，可以保证自由转动；圆盘连接面也为光滑的圆柱面，其中有六个小圆孔线性圆周排列在圆柱面上，用于与圆面固定，使转盘不产生滑动。齿轮连接面为转轴的横截面，转轴内部为六边形，用于与齿轮固定，以使齿轮与转轴同轴转动。

（3）支撑结构。

本案例的摩天轮的支撑结构是由两个铁塔组成，每个铁塔由 4 根柱子和斜撑构成。一个长转轴把两个铁塔连接起来，摩天轮支承在这个转轴上。支撑结构如图 3-14 所示。

（4）驱动系统。

世界上第一座摩天轮是通过电气驱动，英国"伦敦眼"采用了先进的液压驱动，并设置了减速机构，这种驱动系统具有体积小、质量轻、保养方便、运行成本低、设备安全、可靠性高等特点,现阶段建造的摩天轮大多数采用这种驱动方式。

本案例中的摩天轮的驱动系统采用手摇式驱动或电力驱动的混合驱动方式,驱动系统通过六边形的插头插入转轴中,再与另一小齿轮连续啮合传递运动,实现通过人力或者电机带动摩天轮转动的目的。

其中,大齿轮(见图 3-15)和中心轴用于连接摩天轮,传递动力,小齿轮(见图 3-16)及摇杆上有连接电机的凹槽。

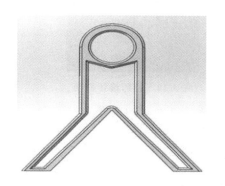

图 3-14　支撑结构图

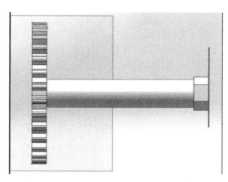

图 3-15　大齿轮与轴的连接图

图 3-16　摇杆与小齿轮连接示意图

图 3-17　摩天轮模型正视图

通过分析、设计,建立的整体三维模型如图 3-17、图 3-18 所示。

2)摩天轮模型的打印

在开始打印模型前,做好以下准备工作:确保材料已经安装完毕;确保喷头能够顺利出丝;确保平台已经调平。

(1)3D 打印机开机并进行初始化,然后设置参数,可将层片厚度设置为

0.15 mm；填充设置为 99％，打印质量选择"较好"。打印设置界面如图 3-19 所示，点击"打印"按钮即开始打印。

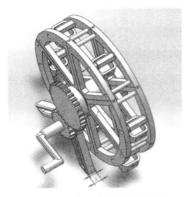

图 3-18　摩天轮模型侧视图　　　　图 3-19　打印设置界面

其他打印设置及 3D 打印操作步骤可参考第 2.3 节的内容。

（2）平台和打印机喷头开始预热，当达到设定温度后，打印机开始工作。如图 3-20 所示。

图 3-20　打印信息显示

ABS 材料的熔融温度为 265 ℃左右，PLA 材料的熔融温度为 210 ℃左右，信息提示栏可以看到剩余加工时间。

（3）打印开始后的前 5 min，需在打印机旁查看底层与平台黏结情况。

（4）打印、装配后得到的作品如图 3-21 所示。

图 3-21　摩天轮打印后装配效果图

3. 塑料花造型创意设计实践

本案例以月季花为例,介绍 FDM 制作塑料月季花的过程。

生活中常见的实物月季花见图 3-22,3D 打印的塑料月季花见图 3-23。

图 3-22　月季花　　　　　　　　图 3-23　3D 打印的塑料月季花

1) 塑料花的设计

(1) 分析月季花的组成部分。月季花包括花瓣、叶片和花梗三部分。其中,花瓣的设计相对复杂,可以简化为花心、花瓣及花瓣的叠放角度、花瓣的层数几个主要设计环节。

(2) 三维模型的建立如图 3-24 所示。

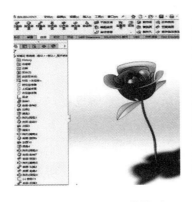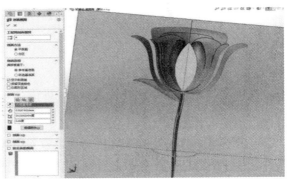

图 3-24　塑料月季花模型　　　　　图 3-25　剖视图检查

(3) 修正产品模型三维设计中常见的问题。

① 检查作品细节。如图 3-25 所示,通过模型剖视图,查看各部分组件是否紧密连接在一起,如果没连在一起,打印完后的作品会散落。特别是花托部分和花梗的过渡衔接需要注意。

② 修改花瓣厚度。花瓣原设计的厚度为 0.1 mm,如图 3-26 所示,但是工程训练实验室常用的 FDM 3D 打印机的精度和输出难以实现,需要加厚花瓣。将花瓣厚度参数修改为 2.0 mm,如图 3-27 所示。

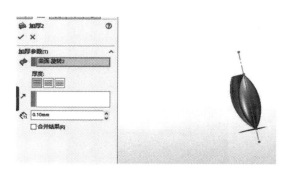

图 3-26　花瓣原设计厚度

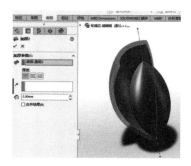

图 3-27　修改花瓣厚度参数

③ 修改叶片厚度。修改叶片厚度参数,如图 3-28 所示。

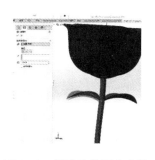

图 3-28　修改叶片厚度参数

图 3-29　出现局部设计干涉

在源文件上修改部分设计参数后,可能会造成局部设计干涉现象,如图 3-29 所示,检查修改并消除设计干涉。

④ 修改花梗长度,让花梗和叶片花瓣紧密相连,如图 3-30 所示。

⑤ 修改完成后,再次检查模型,确保模型符合打印要求,如图 3-31 所示。

检查完成后,先保存源文件,再另存为 STL 格式文件,如图 3-32 所示。

图 3-30　修改花梗长度　　　　　图 3-31　检查修改后的文件

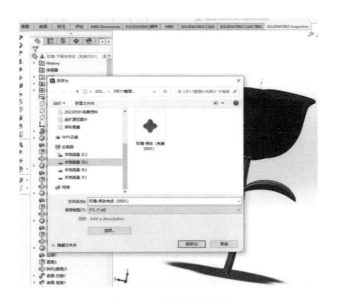

图 3-32　产品模型保存

2) 3D 打印模型文件分层切片处理

本案例采用 FDM 工艺,使用的打印机为湖北地创三维科技有限公司的 DC-2030 型 3D 打印机,耗材为 ϕ1.75mm PLA。

(1) 用地创三维切片软件打开模型的 STL 文件,如图 3-33 所示。

(2) 设置模型参数。

① 设置比例大小,如图 3-34 所示。

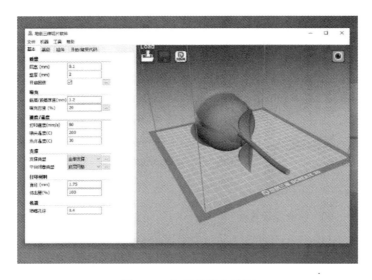

图 3-33　打开模型文件图

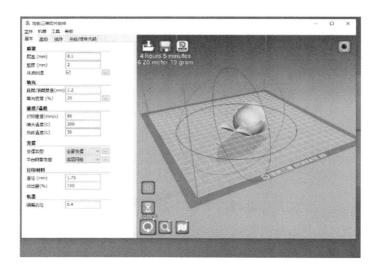

图 3-34　设置模型比例

② 设置模型放置姿态,如图 3-35 所示。

(3)设置辅助支撑,并检查,查看打印输出时间,如图 3-36 所示。

(4)保存 G 代码文件。

转换文件格式,保存为 G 代码文件,如图 3-37 所示。文件名受配套 3D 打印机限制,只能为字母或数字,不能用中文,否则本型号的 3D 打印机不能识别。

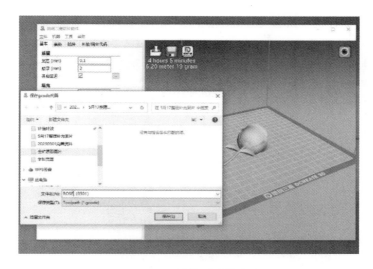

图 3-35　设置模型放置姿态

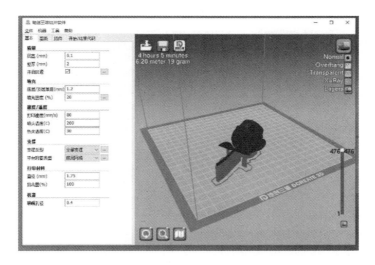

图 3-36　检查模型

3）模型的打印

（1）打开 3D 打印机，在打印平台上贴上美工纸，纸与纸之间留缝，以利于打印后脱模取样，如图 3-38 所示。

（2）插入内存卡，选中保存好的文件，如图 3-39 所示，打印输出。本机选用 PLA 耗材，打印喷嘴温度为 195～220 ℃，注意防烫，打印机工作状态的屏幕显

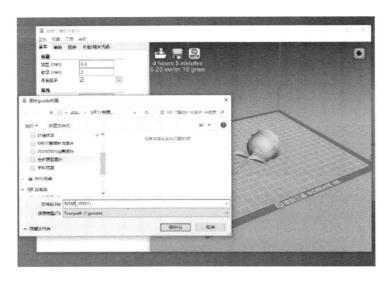

图 3-37　保存打印文件

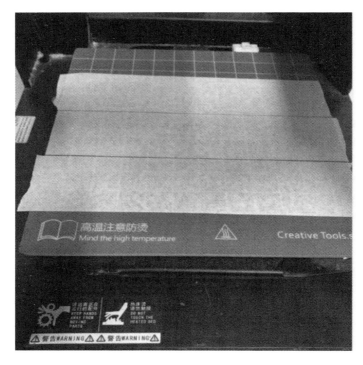

图 3-38　贴美工纸

示如图 3-40 所示。

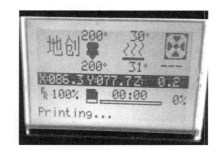

图 3-39　选择打印文件　　　　　图 3-40　打印机工作状态

（3）打印完成，取样。

打印完成的产品模型如图 3-41 所示。为了方便取样，先把打印机热床加热到 40 ℃，设置如图 3-42 所示，再用铲刀取样。

图 3-41　FDM 打印产品模型（带辅助支撑）　　　图 3-42　手动设置打印机热床温度

4）模型的后处理

先用剪刀去除辅助支撑，再用丙烯颜料（见图 3-43）着色，模型处理后如图 3-44 所示。

4. 光固化打印案例——仿生金鱼造型创意设计实践

本案例以金鱼为例，介绍采用 DLP 技术制作仿生金鱼的过程。

日常生活中常见的金鱼如图 3-45 所示，设计作品要求将实物抽象为模型。

图 3-43　丙烯颜料

图 3-44　FDM 打印塑料花模型成品

1）金鱼仿生造型设计

（1）分析金鱼的组成部分。金鱼的组成包括鱼头、鱼身、鱼鳍和鱼尾四部分。其中鱼头部分相对复杂，其设计可以简化为鱼鳃、鱼嘴、鱼眼和鱼鼻几个主要设计环节。

（2）三维模型的建立。

将金鱼三维模型设计出来，如图 3-46 所示。

图 3-45　金鱼

图 3-46　金鱼模型

（3）修正产品模型三维设计中常见的问题。

① 检查作品细节。

通过剖视图检查各部分组件是否紧密连接在一起，如果没连接在一起，打印出来后会散落。特别是鱼鳍、鱼尾与鱼身的过渡衔接需要注意。

② 修改设计参数。

修改鱼鳍的 3D 草图如图 3-47 至图 3-49 所示。注意避免出现参数间相互干涉。修改完成后保存源文件。

图 3-47　修改设计参数 1

图 3-48　修改设计参数 2

图 3-49　修改设计参数 3

2）3D 打印输出

（1）模型源文件的格式转换。

将源文件保存为 STL 格式，如图 3-50 所示。

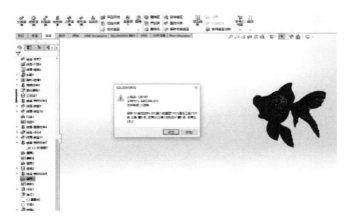

图 3-50　保存为 STL 格式文件

（2）模型文件分层切片处理。

本案例采用深圳市创想三维科技股份有限公司的 LD-002H 3D 打印机，使用的耗材是液态光敏树脂。

① 打开模型文件。

选择模型文件，如图 3-51 所示，打开模型如图 3-52 所示。

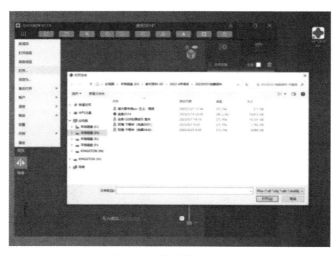

图 3-51　选择模型文件

② 调整模型大小,如图 3-53 所示。

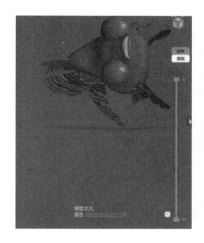

图 3-52　打开模型

图 3-53　调整模型大小

③ 调整放置姿态。

旋转方向,调整放置姿态如图 3-54 所示。

④ 添加辅助支撑。

本环节非常重要,因为光固化树脂固化后很难处理,设置的辅助支撑与模型连接端尽量细小,如图 3-55 所示。

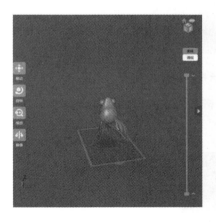

图 3-54　调整模型放置姿态

图 3-55　添加辅助支撑

⑤ 切片设置。

切片设置,如图 3-56 所示;设置完成,显示打印信息,如图 3-57 所示。

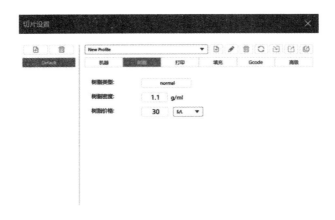

图 3-56　切片设置

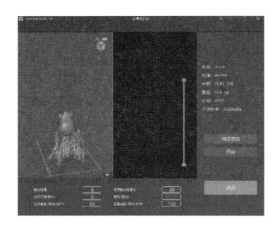

图 3-57　显示打印信息

⑥ 保存切片文件,文件保存为 CTB 格式。保存成功会显示写入成功;打开文件夹,可以查看模型,如图 3-58 所示。

图 3-58　保存切片文件

3）模型的打印

（1）打开 3D 打印机的防尘罩，加入液态光敏树脂，如图 3-59 所示。

（2）把文件导入 3D 打印机。选中文件并打印。如图 3-60 所示。

图 3-59　加入液态光敏树脂　　　　图 3-60　选中文件进行打印

（3）打印完成（见图 3-61），取下模型，如图 3-62 所示。

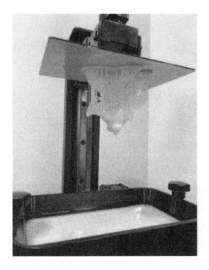 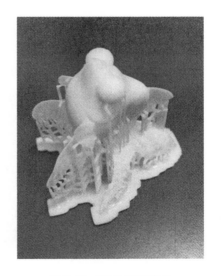

图 3-61　打印完成　　　　　　图 3-62　DLP 打印产品
　　　　　　　　　　　　　　　模型（带辅助支撑）

4）模型的后处理

DLP 打印后处理方法主要有清洗、后固化处理、去除支撑、打磨、喷涂等。

（1）清洗。取下工件后，用酒精清洗，如图 3-63 所示。注意：需要戴防护手套。

（2）去除辅助支撑。去除支撑的工具如图 3-64 所示。光敏树脂固化后，脆性大，先用剪刀去除支撑定点的细支撑，再用手持式电磨机小心切除粗大辅助支撑。电磨机的转速可调，范围为 10000～36000 r/min。

树脂工件在切割时容易崩裂，破损部件需要加固，可以使用热熔胶黏结，喷涂热熔胶的热熔胶枪如图 3-65 所示。

 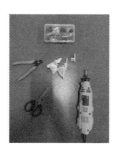 

图 3-63　清洗工件　　　　图 3-64　去支撑工具　　　　图 3-65　热熔胶枪

（3）表面处理。先用热熔胶把工件固定在有机玻璃棒上，方便手持喷涂。再用喷笔喷涂颜料着色，如图 3-66 所示。

图 3-66　表面处理

3.3　3D 打印综合创新实践案例

1. 太阳能追踪装置组合机构创新案例

在工程实际中,组合机构的使用比较常见,比如曲柄摇杆＋蜗轮蜗杆机构可实现电风扇摇头,连杆＋凸轮机构实现平板印刷机的吸纸动作等。本节以工程中的太阳能追踪装置为例,介绍采用 3D 打印技术打印直齿圆柱齿轮＋曲柄摇杆组合机构的方法。

依据太阳运行规律,太阳能追踪装置要能实现水平旋转和俯仰高度的调整,且二者没有直接的关联,使用传统的单一基本结构进行设计难以实现具体功能,可以采用直齿圆柱齿轮＋曲柄摇杆组合机构串联创新设计。另外,其结构上要有足够的强度和刚度,各零件应有确定的位置。因此,可以先进行结构组合设计,然后通过 3D 打印技术打印各组件并进行装配得到太阳能追踪装置。

1) 模型的设计

太阳能追踪装置的调整,需要执行件能够在一定角度内转动。如果原驱动为手柄转动,那么机构方案就是要考虑如何将手柄的转动变成执行件的转动(或摆动)。

能够实现由转动到转动(摆动)的机构有多种,如图 3-67 所示,如曲柄摇杆机构、齿轮机构、凸轮机构、带传动、链传动等。通过分析太阳能追踪装置的运动规律和运动特性可知,水平方向调整是指追踪装置由东向西旋转,然后再回到初始位置,旋转角度为 $180°$ 左右,可以考虑选用直齿圆柱齿轮机构。

俯仰高度方向的调整是指随着太阳的爬升和降落,追踪装置的俯仰角也要跟着变化,俯仰角度调节较小,可考虑选用曲柄摇杆机构。

综上,选用直齿圆柱齿轮＋曲柄摇杆组合机构实现太阳能追踪装置的功能。

机构设计简图如图 3-68 所示。在各零件的结构设计时,应考虑 3D 打印的工艺要求、零件之间的位置关系和配合要求、零件的定位和紧固等,还需对关键零部件进行力学分析和强度校核。

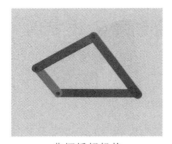

曲柄摇杆机构

雷达仰角调整装置

圆柱齿轮机构

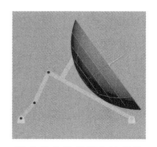

摆动从动件盘状凸轮机构

图 3-67　拟选择机构

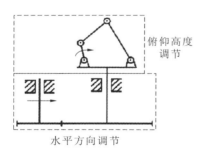

图 3-68　机构设计简图

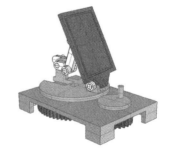

图 3-69　太阳能追踪装置设计图 1

太阳能追踪装置设计如图 3-69 至图 3-71 所示。

2）模型的创建

（1）三维模型的创建。

利用三维软件建立各构件的实体模型如图 3-72 所示，并用运动仿真的方式进行验证。

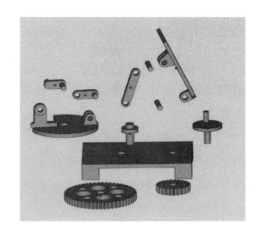

图 3-70　太阳能追踪装置设计图 2　　　图 3-71　太阳能追踪装置爆炸图

底座　　　　　　　连杆　　　　　　　曲柄　　　　　　太阳能板

摇杆　　　　　　圆转盘　　　　　　支撑架　　　　　直齿轮1

直齿轮2　　　　　中轴　　　　　　　轴　　　　　　　轴套

图 3-72　太阳能追踪器零件图

　　根据桌面级打印机的尺寸情况以及 3D 打印相关设计规范,设计的构件尺寸适合 3D 打印设备要求。如:为保障打印成品效果,最小尺寸不小于 2 mm,外形尺寸不超过 300 mm×300 mm×400 mm。在打印过程中,一次可以打印多个零件。

（2）STL 模型的导出与检测。

① STL 文件的导出。执行"文件"→"另存为"→"STL"命令，弹出"快速成型"对话框，设置选择默认，单击"确定"按钮，即可得到各个零件所对应的 STL 文件。

② STL 模型文件的检测与修复。一般情况下，使用工业级软件设计的模型很少出现破边、共有边、共有面等错误，但安全起见，还是分别将上述 STL 模型导入 netfabb 软件检测，只要不出现警告标志，模型就没有问题。

3）模型的打印

首先，载入 STL 模型文件至切片软件，设置切片参数，完成切片处理，并得到 G 代码文件。

在开始打印模型前，确保做好以下准备工作：确保材料已经安装完毕，确保喷头能够顺利出丝，确保平台已经调平。

（1）3D 打印机开机，插入 SD 卡（U 盘），选择保存的打印文件并执行打印，如图 3-73 所示。

图 3-73　选择文件进行打印

（2）平台和打印机喷头开始预热，当达到设定温度后，打印机开始工作，如图 3-74 所示。

（3）打印开始后的前 5 min，需在打印机旁查看底层与平台黏结情况，如图 3-75 所示。

（4）打印过程如图 3-76、图 3-77 所示，打印过程中，观察打印的零件是否出现翘边、挂丝、走步等问题，确保成品质量。

图 3-74　打印温度显示

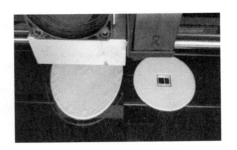

图 3-75　底层与平台黏结情况

图 3-76　打印进度显示

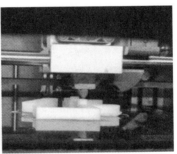

图 3-77　打印过程

（5）打印完成后，取下零件并进行后处理，组装完成后的成品如图 3-78 所示。

图 3-78　打印成品

2. 仿婴猴单腿弹跳机器人创新实践

1）作品简介

本案例设计一款仿婴猴单腿弹跳机器人，该机器人环境适应性好，结构简单，控制相对容易，移动快速，能够灵活地避开较大的障碍，还可以通过配备不同的零部件实现多种功能，应用领域十分广泛。

2）作品设计

（1）整体运动过程。

仿婴猴单腿弹跳机器人采用八杆弹跳机构，能够实现连续跳跃功能，体积小且弹跳能力强。总体结构正常站立情况下总高约为 30 cm，电机驱动杆件压缩扭转弹簧进行蓄力，整体向下压缩达到最低点后扭转弹簧释放，提供向上跳跃的动能，到达最高点后下落并压缩扭转弹簧进行下一次蓄力，接触地面后再次向上跳跃，从而实现连续跳跃。在跳跃过程中，利用反作用轮进行姿态调整，达到跳跃角度及方向可控化。

该机器人的运动过程和整体视图分别如图 3-79、图 3-80 所示。

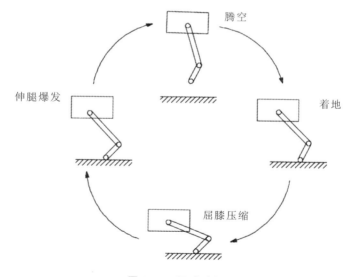

腾空

着地

伸腿爆发

屈膝压缩

图 3-79　运动过程

该机器人主要由电池电机作为动力来源，由八杆弹跳机构、传动机构及自平衡调整机构三部分组成。

其运动过程可以分解为静止状态、蓄力状态、跳跃状态和回落状态四个

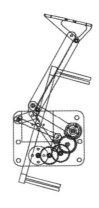

图 3-80　整体视图

过程。

① 静止状态。

足端与地面接触,使其能够平稳地站在地面上。控制器根据跳跃高度提前计算电机需要转过的圈数。

② 蓄力状态。

电机启动,带动齿轮转动,将动能传递给扭转弹簧,弹簧压缩蓄积能量,机器人整体向下压缩。反作用轮转动调整机体,确定合适的起跳角度。

③ 跳跃状态。

起跳瞬间,电机与扭转弹簧之间的传动断开,弹簧释放弹性势能带动齿轮转动,通过八杆机构带动整个身体向预定角度跳跃,到达最高点后准备下落。

④ 回落状态。

在最高点处速度为 0,下降过程中电机又一次启动,完成蓄力,检测到与地面接触时,再次触发腿部伸展,实现连续跳跃。

(2) 机械结构。

婴猴腿部结构主要由八段组成,可实现足端上下的往复运动,八杆机构的菱形变形运动把扭转弹簧水平运动的位移与力的线性关系转换为机构在垂直方向的位移与力的非线性关系,扭转弹簧一端固定在机架上,一端固定在主动杆上,如图 3-81、图 3-82 所示。

(3) 蓄能弹跳系统。

蓄能弹跳系统是决定弹跳机器人性能最重要的系统,主要由驱动机构、蓄能执行机构、行程分配机构、锁定释放机构、地面作用机构等组成,以实现弹簧机构的蓄能、锁定、释放三个工作状态。

① 蓄能:因为上述八杆机构主要通过旋转杆件之间的相对运动来实现高度变化,所以选取扭转弹簧作为蓄能的主要元件,通过计算得到扭转弹簧的角度、旋向等参数。

② 锁定与释放:根据仿真模拟结果可以得到主动件的工作行程,将锁定机构与释放机构用一对相互啮合的齿轮结合在一起,一个齿轮为全齿,另一个为1/4 齿。

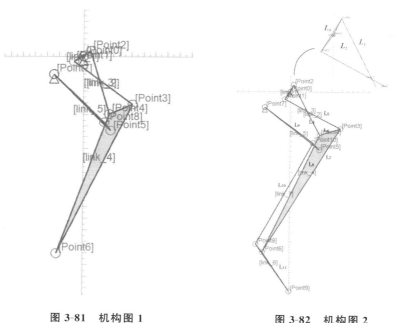

图 3-81　机构图 1　　　　　　　　图 3-82　机构图 2

（4）姿态控制。

在机架上装有速度陀螺仪,能够随时检测到仿婴猴的实时状态、角度、速度以及加速度,通过电机驱动后部的反作用轮提供反向调整力矩,通过左右两侧的螺旋桨实现角度的微调。

3. 机械传动方案设计与计算

（1）八连杆机构的计算（略）。

（2）弹跳能力的计算（略）。

（3）齿轮传动的设计与计算（略）。

（4）机构运动仿真模拟与分析。

① 确定好机构运动学关系后,用 Pyslvs 进行仿真运动,判断方案的可行性,得到足端轨迹图以及速度、加速度曲线,如图 3-83、图 3-84 所示。

② 在 SolidWorks 里面对机构进行建模仿真,得到轨迹图如图 3-85 所示。

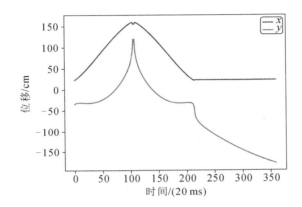

图 3-83　足端位置变化图

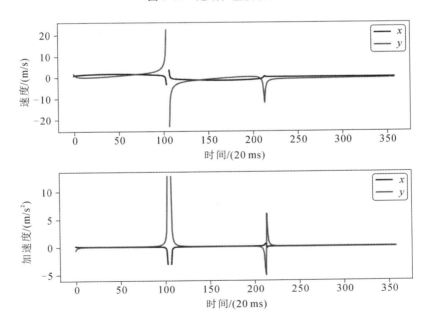

图 3-84　足端速度与加速度曲线

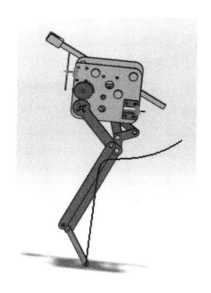

图 3-85　运动轨迹图

4. 控制系统方案

1）电路的选用

为了实现反作用轮部分较大的角加速度，选用三相无刷电机，采用三个半桥组合成电路驱动，利用磁场定向控制（field-oriented control，FOC）实现精准的速度控制。弹簧压缩电机只要保证较大力矩即可，故选用大扭矩直流电机，采用 H 桥驱动。

2）姿态控制

机器人的角度利用惯性测量单元（inertial measuring unit，IMU），经过四元数解算后得到当前姿态，利用 PID 算法使用反作用轮补偿角度、角速度和角加速度误差，实现翻滚角、偏航角和俯仰角三个角度的控制调整，如图 3-86 所示。

（1）设计了基于模糊 PID 控制理论的双闭环反馈控制系统控制反作用轮和尾部，将机器人姿态调整到合适的起跳角度和落地位置。

（2）六轴速度陀螺仪可以检测速度、方向、位移等参数，准确把握机器人的运动形态，加上电子罗盘，实现绝对位置的修正。

（3）将检测到的数据传送给 ImageProc 模块进行处理，磁编码器发送电流命令计算得到电机功率，进而得到弹簧扭矩，即在整个跳跃过程中的外部能量。

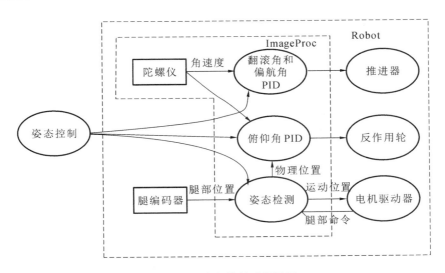

图 3-86　姿态控制过程展示

电机驱动器驱动电机工作。

3）单冲程过程分析

（1）电机转动，压缩弹簧，直到间歇齿轮移动完后弹簧自动释放，机器人完成起跳动作，弹簧的机械能转换为机器人的动能和重力势能。

（2）利用 IMU 稳定机器人转过的角度，使机器人落地时姿态适宜。

（3）机器人落地，弹簧压缩。继续控制反作用轮以保证落地平稳。

5．3D 打印创新实践

1）主要零部件选型

（1）外购电机，如图 3-87 所示。

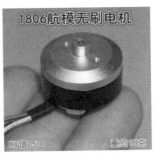

图 3-87　电机图片

主电机选择最大连续功率为 450 W、特性参数为 950 kV 的三相无刷电机 x2216。

为了获得较大的角加速度,反作用轮电机选用三相无刷电机。

(2) 外购电源,如图 3-88 所示。

选用 4s 锂聚合物电池,电压为 14.8 V,电量为 650 mA·h。

(3) 外购控制板。

所购控制板如图 3-89 至图 3-91 所示。将反作用轮电机的驱动与控制都集成在一块电路板上,测量单元利用六轴速度陀螺仪和磁性编码器实现完全自主稳定跳变控制。ImageProc 控制板用于记录并处理电机驱动器和六轴速度陀螺仪的遥测数据,计算得到机器人运动状态。

图 3-88　电源图片

图 3-89　反作用轮电机控制电路板

图 3-90　ImageProc 控制板

图 3-91　控制电路板展示

（4）定制不锈钢材料的反作用轮架，如图 3-92 所示。

图 3-92　反作用轮架

2）组件

各组件（含 3D 打印零件）如表 3-2 所示。

表 3-2　组件表

序号	零件名	数量	材料	加工方式
1	连杆	8	ABS	3D 打印
2	传动齿轮	6	碳钢	外购
3	惯性轮	1	尼龙	3D 打印
4	电机	2		外购
5	扭转弹簧	1	不锈钢	外购
6	D 字轴	5	45 钢	外购
7	机架	2	ABS	3D 打印
8	螺钉、螺母、垫片	40	ABS、碳钢	外购
9	垫圈	13	尼龙	3D 打印
10	足部结构	1	不锈钢	外购
11	法兰盘	2	45 钢	外购
12	联轴器	1	轴承钢	外购

3）实物图

装配后的实物图如图 3-93 所示。

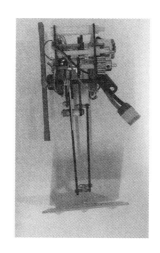

图 3-93　装配实物图

6. 产品创新点

通过模仿婴猴的弹跳特性设计了一款微型弹跳机器人，该机器人利用扭转弹簧完成能量之间的循环，实现连续跳跃同时又能节省能量。降低了跳跃附件的阻抗，保护了潜在脆弱的驱动器，允许力的可持续性和被动能量回收。

创新性地增加了反作用轮，实现弹跳机器人空中跳跃姿态可控，同时整体平衡能力较强，在障碍物较多的环境下也能进行跳跃，只需要很小的接触面积就能实现平衡。

建立合适的连杆机构模型实现足端轨迹垂直方向分量最大化，能够在消耗较少能量的情况下达到最大的跳跃高度。

参考文献

[1] 阿米特·班德亚帕德耶,萨斯米塔·博斯.3D打印技术及应用[M].王文先,等译.北京:机械工业出版社,2017.

[2] 宋凤莲,陈东.3D打印技术实训教程[M].武汉:武汉大学出版社,2019.

[3] 陈鹏.3D打印技术实用教程[M].北京:电子工业出版社,2016.

[4] 王广春.3D打印技术及应用实例[M].北京:机械工业出版社,2016.

[5] 王晓艳,郭顺林,陈鹏.3D打印技术[M].哈尔滨:哈尔滨工程大学出版社,2021.

[6] 陈双,吴甲民,史玉升.3D打印材料及其应用概述[J].物理,2018,47(11):715-724.

[7] 卢秉恒,李涤尘.增材制造(3D打印)技术发展[J].机械制造与自动化,2013,42(4):1-4.

[8] 王雪莹.3D打印技术及其产业发展的前景预见[J].创新科技,2012(12):14-15.

[9] 张洋.基于FDM技术的3D打印机机械结构设计及控制系统研究[D].长春:长春工业大学,2017.

[10] 吕东旭.3D打印的特点及应用简析[J].才智,2013(20):247.

[11] 罗文煜.3D打印模型的数据转换和切片后处理技术分析[D].南京:南京师范大学,2015.

[12] 金晓菁,陈继民.3D打印技术在建筑领域的发展及应用[C]//第17届全国特种加工学术会议,广州:2017-11-17.

[13] 杜宇雷,孙菲菲,原光,等.3D打印材料的发展现状[J].徐州工程学院学报(自然科学版),2014,29(1):20-24.

[14] 黄健,姜山.3D打印技术将掀起"第三次工业革命"？[J].新材料产业,2013(1):62-67.

[15] 王忠宏,李扬帆,张曼茵.中国3D打印产业的现状及发展思路[J].经济纵横,2013(1):90-93.

[16] 王菊霞.3D打印技术在汽车制造与维修领域应用研究[D].长春:吉林大学,2014.

[17] 蒋立新,易翔翔,邵洁.3D打印技术的发展及在军工领域的应用[J].中国军转民,2013(12):58-62.

[18] 谭立忠,方芳.3D打印技术及其在航空航天领域的应用[J].战术导弹技术,2016(4):1-7.

[19] 刘洋子健,夏春蕾,张均,等.熔融沉积成型3D打印技术应用进展及展望[J].工程塑料应用,2017,45(3):130-133.

[20] 赵冲.基于FDM工艺的3D打印机机械系统设计制造研究[D].北京:华北电力大学,2017.

[21] 马志刚.熔融沉积3D打印机结构设计与分析[D].洛阳:河南科技大学,2019.

[22] UP! 3D打印机用户使用手册[EB/OB].[2012-07-02].https://wenku.baidu.com/view/10a576040366f5335a8102d276a20029bd6463f9.html.

[23] 纵荣荣,李海鹏,葛广跃,等.3D打印技术在汽车行业的应用[J].汽车实用技术,2022,47(11):195-199.

[24] 张永弟,李宁,崔洪斌,等.3D打印技术在武器装备零件维修中的应用[J].机床与液压,2020,48(15):184-187.

[25] 高晓波,汪良环,刘惠惠.3D打印技术在医疗行业中的主要应用[J].智慧健康,2017,3(1):5-8.

[26] 冯斐,曹兴冈.航空航天增材制造技术的应用及发展[J].航空精密制造技术,2021,57(6):45-49.

［27］ 杨璞.3D打印技术在军工产品开发中的应用［J］.数字化用户,2021,27(15):116-117.

［28］ 李静,李贵,孙伟,等.仿婴猴单腿弹跳机器人结构设计与实现［J］.机械传动,2023,47(11):43-48,85.

［29］ 张春林,李志香,赵自强.机械创新设计［M］.3版.北京:机械工业出版社,2016.

［30］ 王永信,宗学文.光固化3D打印技术［M］.武汉:华中科技大学出版社,2019.

［31］ 刘然慧,刘纪敏.3D打印:Geomagic Design X逆向建模设计实用教程［M］.北京:化学工业出版社,2017.

［32］ 杨振国,李华雄,王晖.3D打印实训指导［M］.2版.武汉:华中科技大学出版社,2022.

［33］ 曹明元,申云波.3D设计与打印实训教程(机械制造)［M］.北京:机械工业出版社,2017.

［34］ 于彦东.3D打印技术基础教程［M］.北京:机械工业出版社,2017.

［35］ 杨琦,糜娜,曹晶.3D打印技术基础及实践［M］.合肥:合肥工业大学出版社,2018.

普通高等学校工程训练"十四五"规划教材

普通高等学校工程训练精品教材

工程训练——数控分册

主　编　陈　文

副主编　马　晋　张　诚　张　浩

参　编　张官扬　李旭荣　曹建华

　　　　张国忠　周全元

华中科技大学出版社

中国·武汉

内 容 简 介

本书是根据普通高等学校工学专业本科人才培养目标,以机械制造实训教学建设为基础,总结近年来的教学改革与实践,参照当前有关技术标准编写而成的。随着社会的进步和科技的发展,机械产品的结构越来越复杂,质量要求和生产率要求也越来越高。为了适应国内外市场的需求,机械产品必须不断改型,缩短生产周期,加快进入市场的时间。在此背景下,数控技术应运而生,现已成为制造业实现自动化、柔性化、集成化生产的基础技术,彻底改变了传统制造业的生产模式。

本书共分为 5 章:第 1 章介绍了数控机床的组成、基本加工原理和分类;第 2 章介绍了数控编程基础知识;第 3 章和第 4 章分别介绍了数控车削加工和数控铣削加工;第 5 章则以华中数控世纪星 HNC-21M 系统为例,介绍了数控系统的相关内容。

本书可作为普通高等学校相关专业的通识性教材和实践课程教材,也可以作为大学生科技创新及科研实践的参考教材,还可作为工程技术人员的参考资料。

图书在版编目(CIP)数据

工程训练.数控分册 / 陈文主编. -- 武汉 : 华中科技大学出版社,2024.7. -- ISBN 978-7-5772-1027-8

Ⅰ. TH16

中国国家版本馆 CIP 数据核字第 20249LU189 号

工程训练——数控分册　　　　　　　　　　　　　　　　　　　　　陈　文　主编

Gongcheng Xunlian——Shukong Fence

策划编辑:余伯仲
责任编辑:刘　飞
封面设计:廖亚萍
责任监印:朱　玢
出版发行:华中科技大学出版社(中国·武汉)　　　　电话:(027)81321913
　　　　　武汉市东湖新技术开发区华工科技园　　　　邮编:430223
录　　排:武汉三月禾文化传播有限公司
印　　刷:武汉市洪林印务有限公司
开　　本:710mm×1000mm　1/16
印　　张:4
字　　数:59 千字
版　　次:2024 年 7 月第 1 版第 1 次印刷
定　　价:19.80 元

普通高等学校工程训练"十四五"规划教材
普通高等学校工程训练精品教材

编写委员会

主　任：王书亭（华中科技大学）

副主任：（按姓氏笔画排序）

于传浩（武汉工程大学）　　　　刘怀兰（华中科技大学）

江志刚（武汉科技大学）　　　　李　波（中国地质大学（武汉））

李玉梅（湖北工程学院）　　　　吴世林（武汉纺织大学）

吴华春（武汉理工大学）　　　　沈　阳（湖北大学）

张国忠（华中农业大学）　　　　罗龙君（华中科技大学）

孟小亮（武汉大学）　　　　　　贺　军（中南民族大学）

夏　星（湖北工业大学）　　　　蒋国璋（武汉科技大学）

漆为民（江汉大学）

委　员：（排名不分先后）

徐　刚　吴超华　李萍萍　陈　东　赵　鹏　张朝刚

鲍　雄　易奇昌　鲍开美　沈　阳　余竹玛　刘　翔

段现银　郑　翠　马　晋　黄　潇　唐　科　陈　文

彭　兆　程　鹏　应之歌　张　诚　黄　丰　李　兢

霍　肖　史晓亮　胡伟康　陈含德　邹方利　徐　凯

汪　峰

秘　书：余伯仲

前　言

机械制造工程实训是高等学校学生建立机械制造生产过程概念、学习机械制造基本工艺方法、培养工程意识、提高工程实践能力的课程。它对学生学习后续专业课程以及未来从事的工作具有深远影响。

数控技术作为机械制造工程实训中的重要内容，具有重要的现实意义。数控机床的加工性能比一般自动机床的高，可以精确加工复杂型面，因而适合加工中小批量、改型频繁、精度要求高、形状较复杂的工件，可获得良好的经济效益。随着数控技术的发展，数控机床的品种日益增多，包括车床、铣床、镗床、钻床、磨床、齿轮加工机床和电火花加工机床等，此外还有能自动换刀、一次装卡进行多工序加工的加工中心、车削中心等。由于采用了数控技术，许多在普通机床上无法完成的工艺内容得以实现。

在编写本书的过程中，作者围绕数控加工的基本原理与数控编程的基础知识，重点介绍了数控车削加工和数控铣削加工，为学生提供了综合性、实践性和科学性的教学内容。

本书由武汉理工大学工程训练中心陈文担任主编；武汉理工大学工程训练中心马晋，湖北工业大学现代工程训练与创新中心张诚、张浩担任副主编。本书在编写的过程中得到了各参编院校领导和老师的大力支持，在此表示衷心的感谢。

由于编者水平有限，书中难免有不妥和疏漏之处，恳请读者批评指正。

编　者

2024 年 1 月

目　　录

第1章 数控机床的组成、基本加工原理和分类

随着社会的进步和科技的发展,机械产品的结构越来越复杂,对其质量和生产率的要求也越来越高。为了适应国内外市场的不断变化,必须不断地改型,缩短产品的生产周期,加快产品进入市场的时间,以便抢占市场。数控技术的产生彻底改变了传统制造业的状况。现在,数控技术已经成为制造业实现自动化、柔性化、集成化生产的基础技术,现代的 CAD/CAM、FMS 和 CIMS、敏捷制造和智能制造等都是在数控技术基础上发展起来的。

随着数字技术及控制技术的发展,数控机床应运而生,NC 是 Numerical Control(数控)的简称。早期的数控系统全靠数字电路实现,因此电路复杂,功能扩展困难。现代数控系统大多采用小型计算机或微型计算机来进行控制,形成了计算机数控系统(computer numerical control,CNC),集成电路的大量采用,使得数控系统的功能大大增强。

数控机床具有广泛的适应性,加工对象改变时只需要改变输入的程序指令即可。数控机床的加工性能比一般自动机床高,可以精确加工复杂型面,因而适合于加工中小批量、改型频繁、精度要求高、形状又较复杂的工件,并可以获得良好的经济效益。随着数控技术的发展,采用数控系统的机床品种日益增多,包括车床、铣床、镗床、钻床、磨床、齿轮加工机床和电火花加工机床等。此外还有能自动换刀、一次装夹进行多工序加工的加工中心、车削中心等。数控技术的运用使得许多在普通机床上无法完成的工艺内容得以实现。

1.1　数控机床的组成

现代数控机床一般由数控程序、数控装置、伺服系统、位置测量与反馈系统、辅助控制单元和机床运动机构组成,如图 1-1 所示。

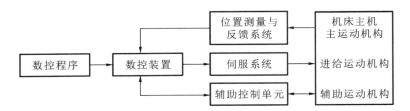

图 1-1　数控机床逻辑结构示意图(图中箭头表示信息流向)

1.2　数控机床的基本加工原理

使用数控机床加工零件时,先将加工过程所需的各种操作(如主轴变速、松夹工件、进刀与退刀、开车与停车、选择刀具、供给冷却液等)和步骤以及与工件之间的相对位移等都用数字化的代码表示,并按工艺先后顺序组成"NC 程序",通过介质(如软盘、电缆等)将其输入机床的 NC 存储单元中,NC 装置对输入的程序、机床状态、刀具偏置等信息进行处理和运算,发出各种驱动指令来驱动机床的伺服系统或其他执行元件,使机床自动加工出尺寸和形状都符合预期结果的零件。数控加工中的数据转换过程如图 1-2 所示。

1．译码(解释)

译码程序的主要功能是将用文本格式(通常用 ASCII 码)表达的零件加工程序,以程序段为单位转换成刀补处理程序所要求的数据结构(或格式)。该数据结构用来描述一个程序段解释后的数据信息。它主要包括:X、Y、Z 等坐标

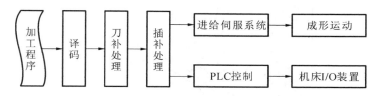

图 1-2　数控加工中的数据转换过程

值,进给速度,主轴转速,G 代码,M 代码,刀具号,子程序处理和循环调用处理等数据或标志的存放顺序和格式。

2. 刀补处理(计算刀具中心轨迹)

零件加工程序通常是用户按零件轮廓编制的,而数控机床在加工过程中控制的是刀具中心轨迹,因此在加工前必须将零件轮廓变换成刀具中心的轨迹。刀补处理就是完成这种转换的程序。

3. 插补处理

本模块以系统规定的插补周期 Δt 定时运行,它将各种线形(直线、圆弧等)组成的零件轮廓按程序给定的进给速度 F,实时计算出各个进给轴在 Δt 内的位移指令(ΔX_1,ΔY_1,$\cdots$)并送给进给伺服系统,实现成形运动。

4. PLC 控制

PLC 控制是对机床动作的顺序控制,即以 CNC 内部和机床各行程开关、传感器、按钮、继电器等开关量信号状态为条件,并按预先规定的逻辑顺序对主轴的启停、换向,刀具的更换,工件的夹紧、松开,冷却、润滑系统的运行等进行控制。

5. 数控加工轨迹控制原理

1)逼近处理

(1) 如图 1-3 所示,欲加工的圆弧轨迹 L,起点为 P_0,终点为 P_e。CNC 装置先对图 1-3 所示数控加工轨迹控制进行逼近处理。

(2) 系统按插补时间 Δt 和进给速度 F 的要求,将 L 分割成若干短线段 ΔL_1,ΔL_2,$\cdots$,ΔL_i,$\cdots$,这里有 $\Delta L_i = F\Delta t(i=1,2,\cdots)$。

(3) 用线段 ΔL_i 逼近圆弧存在着逼近误差 δ,但只要 δ 足够小(ΔL_i 足够短),就总能满足零件的加工要求。

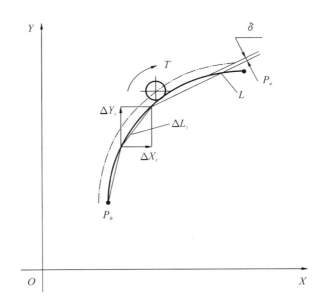

图 1-3 数控加工轨迹控制原理图

（4）当 F 为常数时，因 Δt 对数控系统而言恒为常数，则 ΔL_i 的长度也为常数 ΔL，只是其斜率与其在 L 上的位置有关。

2）指令输出

（1）将计算出在 Δt_i 时间内的和作为指令输出给 Y 轴，以控制它们联动。即 ΔX_i 输出给 X 轴，ΔY_i 输出给 Y 轴。

（2）只要能连续自动地控制 X、Y 两个进给轴在 Δt_i 时间内的移动量，就可以实现曲线轮廓零件的加工。

1.3 数控机床的分类与特点

1. 数控机床的分类

1）按加工路线分类

（1）点位控制数控机床 只能控制工作台（或刀具）从一个位置（或点）精确地移动到另一个位置（或点），在移动过程中不进行加工。

（2）轮廓加工数控机床 其数控系统能够同时控制多个坐标轴联合动作，不仅控制轮廓的起点和终点，而且还控制轨迹上每一点的速度和位置。此类机床能对不同形状的工件轮廓表面进行加工，如数控车床能够车削各种回转体表面，数控铣床能铣削轮廓表面。

2）按伺服系统的控制方式分类

（1）开环控制系统数控机床 其控制系统设有位置检测元件，移动部件的移动速度与位移量是由输入脉冲的频率与脉冲数所决定的。此类数控机床的信息流是单向的，即进给脉冲发出去后，实际移动值不再反馈回来，所以称为开环控制数控机床。开环控制系统数控机床结构简单，成本较低。系统对移动部件的实际位移量不进行监测，也不进行误差校正。

（2）闭环控制系统数控机床 在机床移动部件上直接安装直线位移检测装置，直接对工作台的实际位移进行检测，将测量的实际位移值反馈到数控装置中，与输入的指令位移值进行比较，用差值对机床进行控制，使移动部件按照实际需要的位移量运动，最终实现移动部件的精确运动和定位。闭环控制系统数控机床的定位精度高，但调试和维修都较困难，系统复杂、成本高。

（3）半闭环控制系统数控机床 在伺服电动机的轴或数控机床的传动丝杠上装有角位移电流检测装置（如光电编码器等），通过检测丝杠的转角间接地检测移动部件的实际位移，然后反馈到数控装置中去，并对误差进行修正。由于工作台没有包括在控制回路中，因而该数控机床称为半闭环控制系统数控机床。半闭环控制系统数控机床的调试比较方便，并且具有很好的稳定性。

2. 数控机床的特点

数控机床能控制机床实现自动运转。数控加工经历了半个世纪的发展已成为现代制造领域的先进制造技术。数控加工的最大特征有两点：第一，可以极大地提高精度，包括加工质量精度及加工时间误差精度；第二，可以保持加工质量的稳定性，保证加工零件质量。

第2章 数控编程基础知识

数控加工程序编制就是将加工零件的工艺过程、工艺参数、工件尺寸、刀具位移的方向及其他辅助动作(如换刀、冷却、工件的装卸等)按运动顺序依照编程格式用指令代码编写程序单的过程。在这个过程中,所编写的程序单即加工程序单。

2.1 数控加工的坐标系与指令系统

数控加工程序的编写方法有两种:手工编程和自动编程。手工编程是由用户根据加工要求,使用该机床的指令代码手工书写数控程序。自动编程是由用户运行编程软件,输入零件图纸和加工参数(如进给量、背吃刀量、切削速度、工件材料、毛坯尺寸等),由编程软件自动生成数控程序。这两种编程方法各有所长。

1. 坐标系

为了确定机床的运动方向和运动距离,必须在机床上建立坐标系,以描述刀具和工件的相对位置及其变化关系。

数控机床的坐标轴的指定方法已经标准化,我国在 GB/T 19660—2005 中规定了各种数控机床的坐标轴和运动方向,它按照右手法则规定了直角坐标系中 X、Y、Z 三个直线坐标轴和 A、B、C 三个回转坐标轴的关系,如图 2-1 所示。

1)运动方向的规定

刀具远离工件的方向作为各坐标轴的正方向。

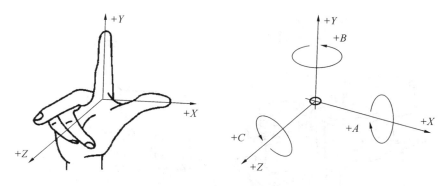

图 2-1　右手法则

2）坐标轴方向的确定

（1）Z 坐标轴　Z 坐标轴的运动方向是由传递切削动力的主轴所决定的，即平行于主轴轴线的坐标轴为 Z 坐标轴，Z 坐标轴的正向为刀具离开工件的方向。

（2）X 坐标轴　X 坐标轴平行于工件的装夹平面，一般在水平面内。确定 X 坐标轴的方向时，要考虑两种情况：①如果工件做旋转运动，则刀具离开工件的方向为 X 坐标轴的正方向。②如果刀具做旋转运动，则分为两种情况，Z 坐标轴水平，观察者沿刀具主轴向工件看时，＋X 运动方向指向右方；Z 坐标轴垂直，观察者面对刀具主轴向立柱看时，＋X 运动方向指向右方。

（3）Y 坐标轴　在确定 X、Z 坐标轴的正方向后，可以根据 X 和 Z 坐标轴的方向，按照右手法则来确定 Y 坐标轴的方向。图 2-2（a）为数控车床的坐标系，装夹车刀的溜板可沿两个方向运动，溜板的纵向运动平行于主轴，定为 Z 轴，而溜板的水平运动垂直于 Z 轴，定为 X 轴，由于车刀刀尖安装于工件中心平面上，不需要做竖直方向的运动，所以不需要规定 Y 轴。

图 2-2（b）为三轴联动立式铣床的坐标系，图中安装刀具的主轴定为 Z 轴，主轴可以上下移动，机床工作台纵向移动的轴定为 X 轴。与 X、Z 轴垂直的轴定为 Y 轴。

2. 坐标原点

机床原点由机床生产厂家在设计机床时确定，由于数控机床的各坐标轴的正方向是定义好的，所以原点一旦确定，坐标系就确定了。机床原点也称机械原点或零点，是机床坐标系的原点。机床原点不能由用户设定，一般位于机床

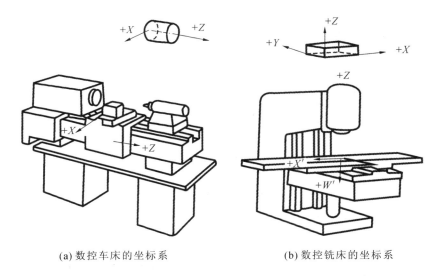

(a) 数控车床的坐标系　　　　　　　(b) 数控铣床的坐标系

图 2-2　数控机床的坐标系统

行程的极限位置。机床原点的具体位置须参考具体型号的机床随机附带的手册,如数控车削的机床原点一般位于主轴装夹卡盘的端面中心点上。

（1）机床参考点　相对于机床原点的一个特定点,它由机床厂家在硬件上设定,厂家测量出位置后输入至 NC 系统中,用户不能随意改动,机床参考点的坐标值小于机床的行程极限。为了让 NC 系统识别机床坐标系,就必须执行回参考点的操作,通常称为回零操作,或者称为返参操作,但非所有的 NC 机床都设有机床参考点。

（2）工件原点　也叫编程原点,它是编程人员在编程前任意设定的。为了编程方便,工件原点应尽可能选择在工艺定位基准上,这样对保证加工精度有利,如数控车削一般将工件原点选择为工件右端面的中心点。工件原点一旦确立,工件坐标系就确定了。编写程序时,用户使用的是工件坐标系,所以在启动机床加工零件之前,必须对机床设定工件原点,以便让 NC 系统确定工件原点的位置,这个操作通常称为对刀。对刀的过程就是用刀具找到工件原点,即分别找到工件原点各坐标轴在机床坐标系中的位置,把对应的机械坐标值输入机床的工件坐标系设置指令中。对刀是加工零件前一个非常重要且不可缺少的步骤,否则不但不可能加工出合格的零件还会导致事故的发生。在高档数控系统中,工件原点甚至在一个程序中可以进行变换,由相应的选择工件原点指令完成。

3. 坐标指令

在加工过程中,工件和刀具的位置变化关系由坐标指令来指定,坐标指令的值的大小是带符号的与工件原点的距离值。坐标指令包括:X、Y、Z、U、V、W、I、J、K、R 等。通常来说,X、Y、Z 是绝对坐标方式;U、V、W 是相对坐标方式,但在三坐标以上的系统中,有相应的 G 指令来表示是绝对坐标方式还是相对坐标方式,不使用 U、V、W 来表示相对坐标方式;I、J、K 和 R 是表示圆弧参数的两种方法,I、J、K 表示圆心与圆弧起点的相对坐标值,R 表示圆弧的半径。

以下介绍点的相对坐标与绝对坐标表示法。

图 2-3(a)中,点 $A(10,10)$ 用绝对坐标指令表示为 X10 Z10;点 $B(25,30)$ 用绝对坐标指令表示为 X25 Z30。需要指出的是:在坐标指令中,数控车床系统的 X 轴方向的指令值需指定。X 轴方向是零件的半径或直径方向,在工程图纸中,通常标注的是轴类零件的直径,如果按照数控车削的工件原点,X 轴的指令值应是工件的半径,这样在编程时会有很多直径值转化为半径值的计算,给编程造成很多不必要的麻烦,因此,数控车床的 NC 系统在设计时通常采用直径指定。直径指定即数控车削的 X 轴的指令值按坐标点在 X 轴截距的 2 倍指定,即表示工件的直径,如 X20,那么在数控车削系统中的含义是 X 轴方向刀具与工件原点的距离是 10 mm,而不是 20 mm。

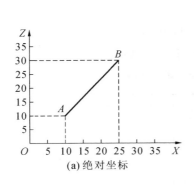
(a)绝对坐标

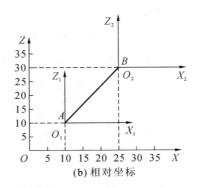
(b)相对坐标

图 2-3　绝对坐标和相对坐标

1)绝对坐标方式

在某一坐标系中,用与前一个位置无关的坐标值来表示位置的一种方式,称为绝对坐标方式。在该方式下,坐标原点始终是编程原点,例如 A(X10 Z10)。

2）相对坐标方式（或增量坐标方式）

在某一坐标系中，用由前一个位置算起的坐标值增量来表示位置的一种方式，称为相对坐标方式。即设定工件坐标系的原点自始至终都和刀尖重合，亦即程序起始点就是工件坐标系的原点，并且和上一程序段中的参考点重合。如图 2-3(b)所示，若刀具由 $A \rightarrow B$，当刀具位于 A 点时，编程原点是 A 点，当刀具位于 B 点时，编程原点是 B 点，那么，B 点坐标指令值分别是由 $A \rightarrow B$ 在各坐标轴方向的增量。

例如，A 点用绝对坐标方式表示为（X10 Z10）；

B 点用相对坐标方式（增量坐标方式）表示为（U＋15 W＋20），其中＋号可以省略，则写成（U15 W20）。由此可以看到

$$\Delta X = 15, \quad \Delta Z = 20$$

应用于编写程序时，在图 2-3(b)中，假设刀具当前位于 A 点，要求刀具快速运动到 B 点（空行程），采用绝对指令方式：N1 G00 X25 Z30；采用相对指令方式：N1 G00 U15 W20。

4. G 指令

G 功能指令也称准备功能(prepare function)指令，简称 G 指令或 G 代码，G 指令确定的功能可分为坐标系设定类型、插补功能类型、刀具补偿功能类型、固定循环类型等。

G 指令由字母 G 加两位数字组成，从 G00～G99 共 100 种；其中 G00～G09可简写为 G0～G9。表 2-1 所示为部分 G 指令代码及功能。

表 2-1 部分 G 指令代码及功能

代码	功能	程序指令类型	功能在出现段有效	备注
G00	快速点定位	模态指令		用于空行程
G01	直线插补	模态指令		直线切削进给
G02	顺时针圆弧	模态指令		圆弧或圆切削
G03	逆时针圆弧	模态指令		圆弧或圆切削
G04	暂停	非模态指令	仅本段内有效	用于拐角过渡
G17	XY 平面选择	模态指令		用于数控铣削
G18	ZX 平面选择	模态指令		用于数控铣削

代码	功能	程序指令类型	功能在出现段有效	备注
G19	ZY 平面选择	模态指令		用于数控铣削
G92	螺纹单一循环	模态指令		用于数控车削
G76	螺纹复合循环	模态指令		用于数控车削
G90	绝对坐标方式	模态指令		用于数控铣削
G91	增量坐标方式	模态指令		用于数控铣削

模态指令是具有自保性的指令,即后面的程序段与前面的程序段代码相同时,可以不必重复指定,G 指令有部分是模态指令,F 指令也是模态指令。关于模态指令,有的文献称为续效指令。

5. M 指令

M 指令(M 代码)用于指定机床的一些辅助动作的开/关功能,如:机床主轴的正向、停、反向旋转,切削液的开关,程序的启动、停止等。因此 M 指令也称为辅助功能指令,它由字母 M 加两位数字组成。表 2-2 所示为部分 M 代码功能表。

表 2-2　部分 M 代码功能表

代码	功能	数控车削	数控铣削	备注
M00	程序停止	√	√	"模态信息"保存
M01	计划停止	√	√	"任选停止"有效
M02	程序结束	√	√	不返回
M03	主轴正转	√	√	
M04	主轴反转	√	√	
M05	主轴停止	√	√	进给不停
M06	换刀		√	
M07	2 号冷却开	√	√	
M08	1 号冷却开	√	√	
M09	冷却关	√	√	
M30	程序结束	√	√	返回程序头部
M98	子程序调用	√	√	调出子程序
M99	子程序调用	√	√	子程序调用结束

6. F 指令

F 指令(F 代码)用于指定插补进给速度。F 指令编程有两种,即每分钟进给量编程和每转进给量编程。在每分钟进给量编程中,F 后的数值表示的是每分钟内主轴刀具的进给量,比如 F50,表示每分钟进给量为 50 mm。值得注意的是,F 代码是模态指令,但一个程序中至少应该在第一个插补指令后有一个 F 指令。例如:

N35 G1 X30 F60*

N40 Z−20*

N45 U−3 F22*

注意:N 指令表示行号,此外无任何其他意义,机床读到 N 代码时不产生任何动作,其中 N35 和 N40 的 F 代码是一致的(G1 也是模态指令,N40、N45 中对 G1 也没有重复指定)。

7. S 指令

S 指令(S 代码)用于指定主轴的旋转速度,一个程序段内只能含有一个 S 代码,由字母 S 加数字组成,例如:

(1) 指定主轴的转速是 400 r/min,则相应的指令为 S400。

(2) 在数控车削系统中,根据加工工艺要求,零件端面要求恒线速度加工,因此,数控车削系统中,对 S 指令有特殊规定:①端面恒线速度切削,如 N1 G96 S1000,其中 1000 是端面的线速度,为 1000 m/min,速度单位因机床而异,参见机床说明书;②端面恒线速度删除,如 N2 G97 S1000。

8. T 指令

T 指令(T 代码)用于指定所选用的刀具,它由字母 T 加数字组成,在同一程序中,若同时指定坐标移动指令和刀具 T 指令,执行顺序一般为先执行 T 指令,但具体由机床厂家确定,参见机床说明书。

需要指出的是:有的数控系统如 FANUCO-TD 系统,刀具指令采用字母 T 加四位数字表示,四位数字的高两位表示刀具选择号,低两位表示刀具偏置号。具体表示方法见机床说明书。

2.2　数控加工程序格式

数控加工程序一般由程序名、程序段、子程序等组成。

1. 程序名

程序名是数控程序必不可少的第一行,由一个地址符加上四位数字组成,第一个字符或字母是具体的数控系统规定的,后接的四位数字由用户任意选取,位数可以小于四位,不能大于四位。根据具体数控系统要求,首字符或字母一般为％或字母 O。

例如:％123,％7788,(CJK6236A2 数控车床)是合法的程序名。

O1111,O8888,(MV-5 数控铣床)是合法的程序名。

子程序也有程序名,其程序名是主程序调用的入口。子程序的命名规则与主程序一样,视不同的数控系统有不同的规则。

2. 程序字

程序字由地址符及其后面的数字组成,在数字前可以加上"＋""－"号。程序字是构成程序段的基本单位,也称指令字。"＋"号通常可以省略不写。

例如 X－100.0,首字母 X 为地址,必须是大写,地址规定其后数值的意义;－100.0 为数值;合在一起称程序字。根据程序中 G 指令的不同,同一个地址也许会有不同的含义。

3. 程序段

程序段由多个程序字组成,在程序段的结尾有结束符号,一般是";"或"＊",ISO 标准为"LF",显示为"＊",EIA 标准为"CR",显示为";"。

程序段的格式为

NXXX　GXX　X±XXX.XX　Z±XXX.XX　FXX　SXX　TXXMXX;

数控系统一般采用一行为一个程序段,也可以采用多行为一程序段。

例如 N1 G01 X－100.0 Z20.0;是一个合法程序段(适用于 MV-5 数控铣床)。

4. 小数点与子程序

小数点用在表示距离、时间的数中,但有的地址不能用小数点输入。如 N10 表示程序段号为 10,段号不能用小数点输入。而有的地址必须用小数点输入,如 G04 X1.0 表示暂停 1 s。

要用小数点输入的地址如下:

$$X,Y,Z,A,B,C,U,V,W,I,J,K,R,Q$$

通常情况下,NC 系统按主程序的指令进行移动,当程序中有调用子程序的指令时,以后 NC 系统就按子程序移动,当在子程序中有返回主程序指令时,NC 系统就返回主程序,继续按照主程序指令移动。调用子程序使用如下格式:

编写程序时,采用表格形式,可以提高编程效率,减少差错。试验零件程序单如表 2-3 所示。

表 2-3　试验零件程序单

名称		零件图形或工艺说明								日期		页	
试验程序													
程序名										编写者		审核	
％123													
N	G	X	Z	U	W	R/C	F	S	T	M	P	Q	*
N10	G00								T0101				
	G97							S800		M03			
	G50							S800					
N10	G00	X20	Z99										*
			Z10										
N12	G01	X18	Z0				F0.2						*
N13	G02		Z−10		W−10	R20	F0.2						*
N14	G01												*
	G00	X25											
			Z50										
N15										M02			*

2.3　数控加工程序编制的步骤

1. 工艺方案分析

（1）确定加工对象是否适合采用数控加工（加工对象形状较复杂、精度一致性要求高）。

（2）毛坯的选择（对同一批量的毛坯和质量应有一定的要求）。

（3）工序的划分（尽可能采用一次装夹、集中工序的加工方法）。

（4）选用适合的数控机床。

2. 工序详细设计

（1）工件的定位与夹紧。

（2）工序划分（先粗后精、先面后孔、先主后次、尽量减少换刀）。

（3）刀具选择（应符合标准刀具系列、较高的刚度和耐用度、易换易调）。

（4）切削参数确定（尽可能取高一点）。

（5）走刀分配（走刀路线要短、次数要少、尽量避免法向切入、零件轮廓的最终加工应尽可能一次连续完成）。

（6）工艺文件编制（工序卡、工具卡、走刀路线示意图）。

（7）工序卡编制，包括工步与走刀的序号、加工部位与尺寸、刀号及补偿号、刀具形式与规格、主轴转速、进给量及工时的确定等。

3. 运动轨迹的坐标值计算

（1）基点：两个几何元素（线、弧及样条曲线）的交点。

（2）节点：对非圆曲线用圆弧段来逼近，节点数的多少取决于逼近误差、逼近方法及曲线本身的性质。

（3）辅助计算：刀具的引入与退出路线的坐标值的计算，坐标系的计算（绝对值、增量值）。

4. 编写数控加工程序

（1）用数控机床规定的指令代码（G、S、M）与程序格式编写加工程序。

（2）编制机床调整卡，供操作者调整机床用。

（3）输入程序。

（4）校验与试切。

2.4 数控加工生产流程

使用数控机床进行零件加工，一般包括如下过程：

（1）审图并确定加工要求；

（2）决定使用何种刀具；

（3）确定工件的装夹方法和夹具；

（4）编写加工程序；

（5）打开机床电源；

（6）输入程序到机床的 NC 系统中；

（7）装刀、装工件；

（8）测量刀具长度和直径偏置量；

（9）对齐工件和设置工件原点；

（10）检查程序（试空车，修正程序错误）；

（11）通过试切来检查切削状态（如有必要，修正错误、修正刀具偏置）；

（12）机床自动运行切削工件；

（13）加工完成。

第3章 数控车削加工

3.1 数控车床的结构及工作原理

数控车床又称为 CNC 车床,即计算机数字控制车床,是目前国内使用量最大、覆盖面最广的一种数控机床,约占数控机床总数的 25%。数控机床是集机械、电气、液压、气动、微电子和信息等多项技术为一体的机电一体化产品,是机械制造设备中具有高精度、高效率、高自动化和高柔性化等优点的工作母机。数控机床的技术水平高低及其在金属切削加工机床产量和总拥有量的百分比,是衡量一个国家国民经济发展和工业制造整体水平的重要标志之一。数控车床是数控机床的主要品种之一,它在数控机床中占有非常重要的位置,几十年来一直受到世界各国的普遍重视并得到迅速的发展。

1. 数控车床的分类

数控车床的品种和规格繁多,按照不同的分类标准,有不同的分类方法。目前应用较多的是中等规格的两坐标连续控制的数控车床。

(1) 按主轴布置形式分:卧式数控车床和立式数控车床。

(2) 按可控轴数分:两轴控制和多轴控制。

(3) 按数控系统的功能分:经济型数控车床、全功能数控车床和车削中心。

2. 数控车床的结构

数控车床的结构主要由床身和导轨、主轴变速系统、刀架系统、进给传动系统等组成。

（1）床身　机床的床身是整个机床的基础支承件，是机床的主体，一般用来放置导轨、主轴箱等重要部件。

（2）导轨　车床的导轨可分为滑动导轨和滚动导轨两种。滑动导轨具有结构简单、制造方便、接触刚度大等优点。滚动导轨的优点是摩擦系数小，动、静摩擦系数很接近，不会产生爬行现象，可以使用油脂润滑。

（3）主轴变速系统　全功能数控车床的主传动系统大多采用无级变速。目前，无级变速系统主要有变频主轴系统和伺服主轴系统两种，一般采用直流或交流主轴电机，通过带传动带动主轴旋转，或通过带传动和主轴箱内的减速齿轮（以获得更大的转矩）带动主轴旋转。由于主轴电机调速范围广，又可无级调速，主轴箱的结构大为简化。主轴电机在额定转速时可输出全部功率和最大转矩。

（4）刀架系统　数控车床的刀架是机床的重要组成部分。刀架用于夹持切削用的刀具，因此其结构直接影响机床的切削性能和切削效率。

（5）进给传动系统　数控车床的进给传动系统一般均采用进给伺服系统。它一般由驱动控制单元、驱动元件、机械传动部件、执行元件、检测元件、反馈电路等组成。驱动控制单元和驱动元件组成伺服驱动系统；机械传动部件和执行元件组成机械传动系统；检测元件与反馈电路组成检测系统。

3．数控车床的基本原理

数控车床的基本原理如图 3-1 所示。普通车床是靠手工操作机床来完成各种切削加工的，而数控车床是将编制好的加工程序输入数控系统中，由数控系统通过控制车床 X、Z 坐标轴的伺服电动机去控制车床进给运动部件的动作顺序、移动量和进给速度，再配以主轴的转速和转向，便能加工出各种不同形状的轴类和盘套类回转体零件。

4．数控车床的主要功能

不同的数控车床其功能也不尽相同，各有特点，但都应具备以下主要功能。

（1）直线插补功能：控制刀具沿直线进行切削，在数控车床中利用该功能可加工圆柱面、圆锥面和倒角。

（2）圆弧插补功能：控制刀具沿圆弧进行切削，在数控车床中利用该功能可加工圆弧面和曲面。

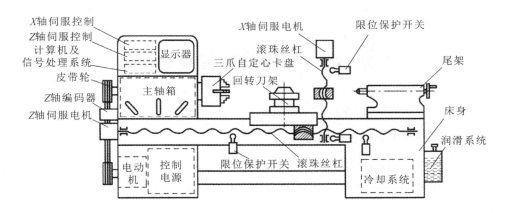

图 3-1 数控车床的基本原理

（3）固定循环功能：固定机床常用的一些功能，如粗加工、切螺纹、切槽、钻孔等，使用该功能可简化编程。

（4）恒线速度车削：通过控制主轴转速保持切削点处的切削速度恒定，可获得一致的加工表面。

（5）刀尖半径自动补偿功能：可对刀具运动轨迹进行半径补偿，具备该功能的机床在编程时可不考虑刀具半径，直接按零件轮廓进行编程，从而使编程变得方便简单。

数控车床除了具有前述主要功能外，还常常具有一些拓展功能，如 C 轴功能、Y 轴控制、加工模拟等。

5. 数控车床的特点

与普通车床相比，数控车床具有以下特点：①采用全封闭或半封闭防护装置；②采用自动排屑装置；③主轴转速高，工件装夹安全可靠；④可自动换刀。

数控车床的主要优点体现在"数控"上，再加上各种完善的机械机构，使之具有高精度、质量稳定、高难度、高效率、自动化程度高等特点。

6. 数控车床的应用范围

数控车床可以加工普通车床能够加工的轴类和盘套类零件，也可以加工各种形状复杂的回转体零件，如复杂曲面，还可以加工各种螺距甚至变螺距的螺纹。数控车床一般应用于精度较高、批量生产的零件以及各种形状复杂的轴类和盘套类零件。

3.2 数控车削加工程序的编制

1. 数控车床坐标系的确定

数控车床坐标系采用我国执行的 GB/T 19660—2005《工业自动化系统与集成 机床数值控制坐标系和运动命名》数控标准,与国际上的 ISO841 标准等效。

(1)刀具运动的正方向是工件与刀具距离增大的方向。

(2)可采用绝对坐标编程(X,Z),也可采用相对坐标编程(U,W),或二者混合编程。用绝对坐标编程时,无论刀具运动到哪一点,各点的坐标均以编程坐标系原点为基准读得,X 坐标值和 Z 坐标值是刀具运动终点的坐标;用相对坐标编程时,刀具当前点的坐标是以前一点为基准读得的,U 值(沿 X 轴增量)和 W 值(沿 Z 轴增量)指定了刀具运动的距离,其正方向分别与 X 轴和 Z 轴正方向相同。

(3)直径编程。车床坐标系 X 轴的坐标值通常定义为某点在 X 轴方向的截距的 2 倍,即直径尺寸。

2. 数控车床编程指令介绍

1)准备功能(G 指令功能)

(1)快速定位指令。

G00

指令格式:

N__ G00 X__ Z__(或 U__ W__);

本指令可将刀具按机床指定的 G00 限速快速移动到所需位置上,一般作为空行程运动,既可单坐标运动,也可双坐标同时运动。执行本指令时,机床操作面板上的进给倍率开关有效。G00 为模态指令,同组其他 G 代码被指定前均有效的 G 代码称为模态 G 代码。

例 1 G00 X100 Z300;表示将刀具快速移动到 X 为 100 mm,Z 为 300 mm

的位置上。

（2）直线插补指令。

G01

本指令可将刀具按给定速度沿直线移动到所需位置,一般作为切削加工运动指令,既可单坐标运动,也可双坐标同时运动,在车床上用于加工外圆、端面、锥面等。

指令格式:

N__ G01 X__ Z__（或 U__ W__）F__;

进给速度 F 需要指定,单位为 mm/r,为模态指令。

例 2　N20 G98 G01 X50 Z50 F200;表示刀具以 200 mm/min 的速度运动到（X50,Z50）的位置。

（3）圆弧插补指令。

G02,G03

G02 指定为顺时针圆弧插补;G03 指定为逆时针圆弧插补。

指令格式:

N__ G02(03) X(U)__ Z(W)__ R__ F__;

例 3　N30 G98 G03 X20 Z－15 R10 F50;表示加工逆时针圆弧,刀具以 F50 速度运动到（X20,Z－15）位置。

（4）延时（暂停）指令。

G04

指令格式:

N__ G04 X__;

程序执行到此指令后即停止,延时 X 所指定时间后继续执行,X 范围为 0～9999.99 s,X 最小指定时间为 0.001 s,但准确度为 16 ms。该指令可使刀具作短时间的无进给光整加工,常用于切槽、锪孔、加工尖角,以减小表面粗糙度数值。

（5）回参考点控制功能指令。

G28、G29

① 自动返回参考点指令。

G28

格式:G28 X__ Z__

指定刀具先快速移动到指令值所指定的中间点位置,然后自动回参考点。

② 从参考点返回指令。

G29

格式:G29 X__ Z__

G29 指定各轴从参考点快速移动到前面 G28 所指定的中间点,然后再移动到 G29 所指定的返回点定位,这种定位完全等效于 G00 定位。

(6) 刀具的刀尖圆弧半径补偿指令。

G40、G41、G42

G40:取消刀尖半径补偿,刀尖运动轨迹与编程轨迹一致。

G41:刀尖半径左补偿,沿进给方向,刀尖位置在编程轨迹左边时。

G42:刀尖半径右补偿,沿进给方向,刀尖位置在编程轨迹右边时。

2)辅助功能指令

M

本系统的辅助功能指令用 M 及后面的两位数字表示。

(1) M00:程序暂停指令,重新按"启动键"后,下一程序段开始继续执行。

(2) M01:程序选择暂停指令,与 M00 相似,不同的是由面板上的选择停止开关决定是否有效。

(3) M02:程序结束指令。

(4) M03:主轴正转指令,用以启动主轴正转。

(5) M04:主轴反转指令,用以启动主轴反转。

(6) M05:主轴停止指令。

(7) M08:冷却泵启动指令。

(8) M09:冷却泵停止指令。

(9) M30:程序结束并返回程序头部。

3)进给速度指令

F

本系统的进给速度指令用 F 及后面的数值表示,F 后面的数值为每转进给的毫米数,如 F1000 表示每转进给 1000 mm。

4）换刀指令

T

本系统的换刀指令用 T 及后面的四位数字表示。高两位数为刀具号，低两位数为刀具位置偏置值补偿号；低位数为 0 表示取消刀具偏置，没有低位数时则只执行换刀不进行刀具偏置。如 T0202 表示换第 2 号刀，按第 2 号刀具位置偏置补偿号中的数据进行刀具位置补偿。

5）跳过任选程序段

在程序顺序号"N"的前面带有"/"的程序可由系统面板上的"跳段"按键决定其是否执行，该按键灯亮则"跳段"有效，灯灭则"跳段"无效。

例 4　/N30 G01 X100 Z50；当系统面板上的"跳段"按键灯不亮时，执行"N30"程序段；当系统面板上的"跳段"按键灯点亮时，跳过"N30"程序段，然后继续执行下面的程序。

3.3　数控车削中的加工工艺分析及编程

数控加工以数控机床加工中的工艺问题为主要研究对象，以机械制造中的工艺理论为基础，结合数控机床的加工特点，综合运用多方面的知识来解决数控加工中的工艺问题。工艺制定得合理与否，对程序编制、机床的加工效率、零件的加工精度都有极为重要的影响。

1. 确定工件的加工部位和具体内容

确定被加工工件需在本机床上完成的工序内容及其与前后工序的联系。

（1）工件在本工序加工之前的情况。例如，工件是铸件、锻件还是棒料等，其形状、尺寸、加工余量如何。

（2）前道工序已加工部位的形状、尺寸或本工序需要前道工序加工出的基准面、基准孔等。

（3）本工序要加工的部位和具体内容。

（4）为了便于编制工艺及程序，应绘制出本工序加工前的毛坯图及本工序的加工图。

2. 确定工件的装夹方式与设计夹具

根据已确定的工件加工部位、定位基准和夹紧要求,选用或设计夹具。数控车床多采用三爪自定心卡盘夹持工件,轴类工件还可采用尾架顶尖夹持工件。由于数控车床主轴转速极高,为便于工件夹紧,多采用液压高速动力卡盘,因为它在生产厂已通过了严格的平衡测试,具有高转速(极限转速可达 4000~6000 r/min)、高夹紧力(最大推拉力为 2000~8000 N)、高精度、调爪方便、通孔、使用寿命长等优点。为减少细长轴加工时的受力变形,提高加工精度,在加工带孔轴类工件内孔时,可采用液压自动定心中心架,定心精度可达 0.03 mm。

3. 确定加工方案

1) 确定加工方案的原则

制定加工方案的一般原则为:先粗后精,先近后远,先内后外,程序段最少,走刀路线最短。当然,这些原则并不是一成不变的,对于某些特殊情况,则需要采取灵活可变的方案,如有的工件就必须先精加工后粗加工,才能保证其加工精度与质量。

2) 加工路线与加工余量的关系

在数控车床还未达到普及使用的条件下,一般应把毛坯件上过多的余量,特别是含有锻、铸硬皮层的余量安排在普通车床上加工。如果必须用数控车床加工,则要注意程序的灵活安排,安排一些子程序对余量过多的部位先作一定程度的切削加工。

4. 确定切削用量

在编程时,编程人员必须确定每道工序的切削用量。选择切削用量时,一定要充分考虑影响切削的各种因素,正确选择切削条件,合理确定切削用量,可有效提高机械加工的质量和产量。影响切削条件的因素有:机床、工具、刀具及工件的刚性,切削速度、切削深度、切削进给率,工件精度及表面粗糙度,刀具预期寿命及最大生产率,切削液的种类、冷却方式,工件材料的硬度及热处理状况,工件数量,机床的寿命。

进给量 f(单位为 mm/r)或进给速度 F(单位为 mm/min)要根据零件的加工精度、表面粗糙度、刀具和工件材料来选。最大进给速度受机床刚度和进给驱动及数控系统的限制。

本章拓展资源

请用高德 e 课 APP 扫码查看。

数控车削基本 操作讲解	数控车床控制界面 各按键讲解	数控车削刀位 选择及刀位转换	数控车削 对刀
数控车削编程 思维讲解	数控车削编程 指令讲解	例题的编程 讲解	例题程序输入机床 微机并开始加工
手柄样题的程序 校验模拟加工	手柄样题的真实 加工过程	数车创意 作品	操作现场 打扫整理

第4章　数控铣削加工

4.1　数控铣床的结构及工作原理

数控铣床是出现比较早和使用比较早的数控机床,在制造中具有很重要的地位,在汽车、航天、军工、模具等行业得到广泛的应用。

1. 数控铣床分类

(1) 从构造上分,数控铣床可分为工作台升降式数控铣床、主轴头升降式数控铣床和龙门式数控铣床。

(2) 按通用铣床的分类方法分,数控铣床可分为数控立式铣床、卧式数控铣床和立卧两用数控铣床。

2. 数控铣床的组成

数控铣床的基本组成如图 4-1 所示,它由床身、立柱、主轴箱、工作台、滑鞍、滚珠丝杠、伺服电机、伺服装置、数控系统等组成。

床身用于支撑和连接机床各部件。主轴箱用于安装主轴。主轴下端的锥孔用于安装铣刀。当主轴箱内的主轴电机驱动主轴旋转时,铣刀能够切削工件。主轴箱还可沿立柱上的导轨在 Z 向移动,使刀具上升或下降。工作台用于安装工件或夹具。工作台可沿滑鞍上的导轨在 X 向移动,滑鞍可沿床身上的导轨在 Y 向移动,从而实现工件在 X 和 Y 向的移动。无论是 X、Y 向,还是 Z 向的移动都靠伺服电机驱动滚珠丝杠来实现。伺服装置用于驱动伺服电机。数

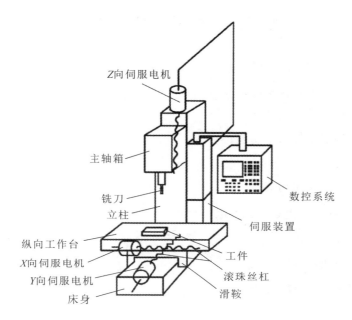

图 4-1　数控铣床的基本组成

控系统用于输入零件加工程序和控制机床工作状态。控制电源用于向伺服装置和数控系统供电。

3. 数控铣床的工作原理

根据零件形状、尺寸、精度和表面粗糙度等技术要求制定加工工艺,选择加工参数。利用 CAM 软件自动编程,将编好的加工程序输入数控系统。数控系统对加工程序进行处理后,向伺服装置传送指令。伺服装置向伺服电机发出控制信号。主轴电机使刀具旋转,X、Y 和 Z 向的伺服电机控制刀具与工件按一定的轨迹相对运动,从而实现工件的切削。

4. 数控铣床加工的特点

(1) 用数控铣床加工零件,精度很稳定。如果忽略刀具的磨损,用同一程序加工出的零件具有相同的精度。

(2) 数控铣床尤其适合加工形状比较复杂的零件,如各种模具等。

(3) 数控铣床自动化程度很高、生产率高,适合加工批量较大的零件。

5. 数控铣床的功能

各种类型的数控铣床所配置的数控系统虽然各有不同,但各种数控系统的

功能,除了一些特殊功能不尽相同外,其主要功能基本相同:

（1）点位控制功能;

（2）连续轮廓控制功能;

（3）刀具半径补偿功能;

（4）刀具长度补偿功能;

（5）比例及镜像加工功能;

（6）旋转功能;

（7）子程序调用功能。

6. 数控铣床的主要加工对象

（1）平面类零件。

（2）变斜角类零件。

（3）曲面类（立体类）零件。

4.2　数控铣削编程基本方法

数控铣削编程就是按照数控系统的格式要求,根据事先设计的刀具运动路线,将刀具中心运动轨迹上或零件轮廓上各点的坐标编写成数控加工程序。所编写的数控加工程序,要符合具体的数控系统的格式要求。

1. 数控铣削加工工艺

数控加工程序不仅包括零件的工艺规程,还包括切削用量、走刀路线、刀具尺寸和铣床的运动过程等,所以必须对数控铣削加工工艺方案进行详细的制定。

1）数控铣削加工的内容

（1）零件上的曲线轮廓,特别是由数学表达式描绘的非圆曲线和列表曲线等曲线轮廓;

（2）已给出数学模型的空间曲面;

（3）形状复杂、尺寸繁多、划线与检测困难的部位;

（4）用通用铣床加工时难以观察、测量和控制进给的内外凹槽；

（5）以尺寸协调的高精度孔或面；

（6）能在一次安装中顺带铣出来的简单表面；

（7）采用数控铣削后能成倍提高生产率，大大降低体力劳动强度的一般加工内容。

2）零件的工艺性分析

（1）零件图样分析。

① 零件图样尺寸的正确标注。

② 零件技术要求分析。

③ 零件图上尺寸标注是否符合数控加工的特点。

（2）零件结构工艺性分析。

① 保证获得要求的加工精度。

② 尽量统一零件外轮廓、内腔的几何类型和有关尺寸。

③ 选择较大的轮廓内圆弧半径。

④ 零件槽底部圆角半径不宜过大。

⑤ 保证基准统一原则。

⑥ 分析零件的变形情况。

3）零件毛坯的工艺性分析

① 毛坯应有充分、稳定的加工余量。

② 分析毛坯的装夹适应性。

③ 分析毛坯的余量大小及均匀性。

4）工艺路线的确定

（1）加工方法的选择。

① 内孔表面加工方法。

② 平面加工方法。

③ 平面轮廓加工方法。

④ 曲面轮廓加工方法。

（2）加工阶段的划分。

① 有利于保证加工质量。

② 有利于及早发现毛坯的缺陷。

③ 有利于设备的合理使用。

（3）工序的划分。

① 按所用刀具划分工序的原则。

② 按粗、精加工分开，先粗后精的原则。

③ 按先面后孔的原则划分工序。

（4）加工顺序的安排。

① 切削加工工序的安排。

② 热处理工序的安排。

③ 辅助工序的安排。

④ 数控加工工序与普通工序的衔接。

⑤ 装夹方案的确定（组合夹具的应用）。

⑥ 进给路线的确定，即加工路线应保证被加工零件的精度和表面质量，且效率要高；应使数值计算简单，以减少编程运算量；应使加工路线最短，这样既可简化程序段，又可减少空走刀时间。

5）刀具选择

（1）数控刀具材料：高速钢、硬质合金、陶瓷、金属陶瓷、金刚石、立方氮化硼、表面涂层。

（2）数控铣削对刀具的要求：刚性好、耐用度高。

（3）铣刀的种类：面铣刀、立铣刀、模具铣刀、键槽铣刀、鼓形铣刀、成形铣刀。

（4）铣刀的选择：铣刀类型的选择和铣刀参数的选择。

2. 数控铣床的程序编制

1）坐标系统及相关指令

（1）数控铣床的坐标系。

① 机床坐标系。

② 机床原点，即机床坐标系原点。

③ 参考点，即机床上的固定点，由机械挡块或行程开关确定；建立机床坐标系。

④ 工件坐标系，编程坐标系距机床原点的向量为零点偏置。

⑤ 工件原点，即工件坐标系原点，也称为程序零点。

（2）工件坐标系设定指令。

① 工件坐标系建立指令。

G92　X__　Y__　Z__

X、Y、Z 为刀位点在工件坐标系中的初始位置，不产生位移。

② 坐标系偏置指令。

G54（G54～G59）

工件坐标系相对于机床原点的零点偏置，即坐标系的平移变换。需设置偏置值到机床偏置页面中，在程序中直接调用。

（3）坐标平面选择指令。

G17、G18、G19

2）尺寸形式指令

（1）绝对和增量坐标指令。

G90/G91

（2）公制尺寸/英制尺寸指令。

G20/G21

3）刀具功能 T、主轴转速功能 S 和进给功能 F

4）进给控制指令

（1）快速定位指令。

G00

格式：

G00　X__　Y__　Z__

（2）直线插补指令。

G01

格式：

G01　X__　Y__　Z__　F__

（3）圆弧插补和螺旋线插补指令。

G02、G03

该指令在进行圆弧插补的同时，沿垂直于插补平面的坐标方向做同步运动，构成螺旋线插补运动。

格式：

G17 G02/G03 X__ Y__ Z__ R(I__J__)__ K__

其中：X，Y，Z——螺旋线的终点坐标；

I，J——圆心在 X、Y 轴上的坐标，是相对螺旋线起点的增量坐标；

R——螺旋线半径，与 I、J 含义相同，两者取其一；

K——螺旋线的导程，为正值。

（4）暂停指令。

G04

（5）螺纹加工指令。

G33

5）**刀具补偿指令及其编程**

（1）刀具半径补偿。

G41、G42、G40

格式：

G41(G42) G00(G01) X__ Y__ D__；G40 G00(G01) X__ Y__；

D 后的两位数字，表示刀具半径补偿值所存放的地址，或刀具补偿值在刀具参数表中的编号。

G40：刀具半径补偿取消，使用后，G41、G42 指令无效。

补偿方向的判定：沿刀具运动方向看，刀具在被切零件轮廓边左侧即刀具半径左补偿，用 G41 指令；否则，便为右补偿，用 G42 指令。

（2）刀具长度补偿。

G43、G44

① 刀具长度：绝对长度、相对于标准刀具的增量长度；长度补偿只和 Z 坐标有关。

② 刀具长度补偿指令。

格式：

G43(G44) G00(G01) Z__ H__；G49 G00(G01) Z__；

其中，G43 为刀具长度正补偿；G44 为刀具长度负补偿；H 后的两位数字，表示刀具长度补偿值所存放的地址，或者说是刀具长度补偿值在刀具参数表中的编号；G49 为取消刀具长度补偿。另外，在实际使用中，可不用 G49 指令取消刀具长度补偿,而是调用 H00 号刀具补偿,也可收到同样效果。

无论是绝对坐标还是增量坐标形式的编程,在用 G43 时,用已存放在刀具参数表中的数值与 Z 坐标相加;用 G44 时,用已存放在刀具参数表中的数值与 Z 坐标相减。

6) 参考点相关指令

(1) 返回参考点检查指令。

G27

格式:

G27 X__ Y__ Z__;

检查机床能否准确返回参考点,非模态指令。执行时,刀具返回到 G27 指令后 X、Y、Z 坐标所指定的参考点在工件坐标系中的坐标位置;刀具快速移动,接近指定参考点时自动减速,并在该点做定位校验,定位准确后操作面板上的回零指示灯亮;某一方向上未准确回到参考点位置,对应指示灯不亮。

(2) 自动返回参考点指令。

G28

格式:

G28 X__ Y__ Z__;

使控制轴自动返回参考点,非模态指令。执行时,刀具经过 G28 指令后 X、Y、Z 坐标所指定的中间点,返回到参考点位置;刀具快速向中间点移动,并在中间点做定位校验,快速移动到参考点。中间点的作用是在返回过程中,控制快速运动的轨迹,避免"撞刀"。

(3) 从参考点返回指令。

G29

格式:

G29 X__ Y__ Z__;

使刀具在返回参考点时,经过 G28 指令所指定的中间点,快速移动到某一指定坐标点,属于非模态指令。执行时,刀具从参考点快速移动,经 G28 所指定的中间点,到达 G29 指令后 X、Y、Z 坐标所指定的目标点。该指令一般与 G28 指令成对使用。

7）子程序

主程序调用子程序,子程序返回主程序或上一级子程序。

（1）子程序的格式。

子程序的格式与主程序相同,在子程序的开头后面编制子程序号,在子程序的结尾用 M99 指令返回主程序（有些系统用 RET 返回）。

（2）子程序的调用格式。

常用的子程序调用格式有以下几种。

① M98 P××××××××:P 后面的前 3 位为重复调用次数,省略时为调用一次;后 4 位为子程序号。

② M98 P×××× L××××:P 后面的 4 位为子程序号;L 后面的 4 位为重复调用次数,省略时为调用一次。

③ 子程序的嵌套:子程序调用另一个子程序。

8）镜像加工指令

（1）关于 X 轴、Y 轴或原点对称的工件,使用不同的 G 指令代码,如 G11、G12、G13 指令,分别代表 X 轴、Y 轴或原点镜像。

（2）关于 X 轴、Y 轴对称的工件,使用不同的 M 指令代码,如 M21、M22 指令,分别代表 X 轴、Y 轴镜像,M23 指令表示镜像取消。

（3）关于 X 轴、Y 轴或原点对称的工件,使用相同的指令代码,如 G24 指令表示建立镜像,由指令坐标轴后的坐标值指定镜像位置,G25 指令表示镜像取消。

9）宏程序

宏程序是含有变量的程序。它允许使用变量、运算以及条件功能,使程序顺序结构更加合理。宏程序编制多用于零件形状有一定规律的情况下。用户使用宏指令编制的含有变量的子程序叫做用户宏程序。

（1）算术运算:指加、减、乘、除、乘方、函数等。

（2）逻辑运算:可以理解为比较运算,它通常是指两个数值的比较运算关系。

（3）条件:指程序中的条件语句,通常与转移语句一同使用。

（4）赋值:指将一个数据赋给一个变量。例如,♯1＝0,则表示♯1 的值是 0。其中♯1 代表变量,"♯"是变量符号,0 就是给变量♯1 赋的值。这里的"＝"

号是赋值符号,起语句定义作用。

（5）变量:指在一个程序运行期间其值可以变化的量。变量可以是常数或者表达式,也可以是系统内部变量,变量在程序运行时参加运算,在程序结束时释放为空。其中,内部变量称为系统变量,是系统自带的,也可以人为地为其中的一些变量赋值,内部变量主要分为 4 种类型。

① 空变量:指永远为空的变量。

② 局部变量:用于存放宏程序中的数据,断电时释放为空。

③ 公共变量:可以人工赋值,有断电为空与断电记忆两种。

④ 系统变量:用于读写 CNC 数据的变化。

10）程序编制案例

以图 4-2 为例,编制太极图工件的加工程序。

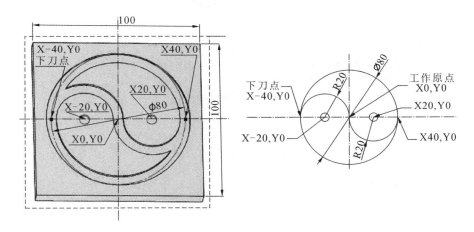

图 4-2　太极图工件示意图

具体程序如下:

文件名

（1）华中数控,字母 O+6 位字母或数字,程序名％0001。

（2）发那科,字母 O+4 位数字。

（3）西门子,2 位字母+6 位字母或数字。

M03 S1200	主轴正转转速 1200 r/min
G54 G01 X—40 Y0 F500	X、Y 向到达下刀点位
G01 Z5	Z 向快进

Z-1 F100（仅写一次）	切深 1 mm，F 值降为 100 mm/min
G02 X-40 Y0 I40 J0	顺时针加工整圆
X0 Y0 R20	左侧半圆
G03 X40 Y0 R20	右侧半圆
G01 Z5	Z 向提刀
X20 Y0	右侧点定位
Z-1	切入
G01 Z5	再次提刀
X-20 Y0	左侧点定位
Z-1	再切入
G01 Z100 F500	快速提刀至工件上方 100 mm 处
M05	主轴停转
M30	程序结束并返回程序头

说明：

（1）工件材料为塑料块，尺寸为 100 mm×100 mm；

（2）太极图直径为 80 mm；

（3）刀具直径为 6 mm；

（4）主轴转速 $S=1200$ r/min；

（5）加工进给量 $F=100$ mm/min；

（6）刀具进深为 1 mm。

本章拓展资源

请用高德 e 课 APP 扫码查看。

数控铣床的
组成

数控铣床的
基本操作

数控铣床的操作
面板讲解

铣刀安装

数控铣 X、Y
轴对刀

数控铣 Z 轴
对刀

数控铣对刀
的校验

数控编程
基本知识

数控铣削
编程

程序输入

循环启动加工
零件

第 5 章 HNC-21M 数控系统介绍

华中数控世纪星 HNC-21M 是基于 PC 的铣床数控装置,是武汉华中数控股份有限公司在国家"八五""九五"科技攻关重大科技成果——HNC-1 高性能数控装置的基础上,为满足市场要求开发的高性能经济型数控装置。

HNC-21M 采用彩色 LCD 液晶显示屏,内装式 PLC 可与多种伺服驱动单元配套使用,具有开放性好、结构紧凑、集成度高、可靠性好、性能价格比高、操作维护方便等特点。

在此主要介绍 HNC-21M 的操作装置、显示界面和相关操作等。

1. 操作装置

1）操作台结构

HNC-21M 铣床数控装置操作台为标准固定结构,如图 5-1 所示,其结构美观、体积小巧,外形尺寸为 420 mm×310 mm×110 mm(长×宽×高)。

2）显示屏

操作台的左上部为 7.5 in(1 in＝2.54 cm)彩色液晶显示屏(分辨率为 640×480),用于汉字菜单、系统状态、故障报警的显示和加工轨迹的图形仿真。

3）NC 键盘

NC 键盘包括精简型 MDI 键盘和 F1～F10 十个功能键。

标准化的字母数字式 MDI 键盘介于显示屏和"急停"按钮之间,其中的大部分键具有上挡(upper)键功能,当上挡键有效时(指示灯亮),输入的是上挡键字符。

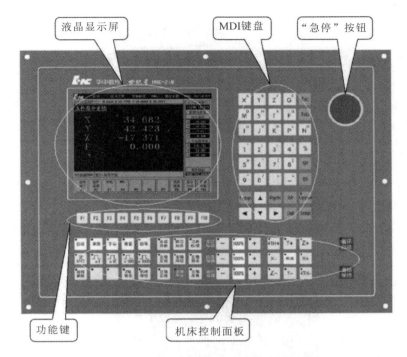

图 5-1　华中数控世纪星 HNC-21M 铣床数控装置操作台

F1～F10 十个功能键位于显示器的正下方。

NC 键盘用于零件程序的编制、参数输入、MDI 及系统管理操作等。

4）机床控制面板（MCP）

标准机床控制面板的大部分按键（除"急停"按钮外）位于操作台的下部，"急停"按钮位于操作台的右上角。机床控制面板用于直接控制机床的动作或加工过程。

5）MPG 手持单元

MPG 手持单元由手摇脉冲发生器和坐标轴选择开关组成，用于手摇方式增量进给坐标轴。MPG 手持单元如图 5-2 所示。

6）软件操作界面

HNC-21M 的软件操作界面如图 5-3 所示，其界面由如下几个部分组成。

①图形显示窗口：可以根据需要，用功能键 F9 设置窗口的显示内容。

②菜单命令条：通过菜单命令条中的功能键 F1～F10 来完成系统功能的操作。

图 5-2　MPG 手持单元

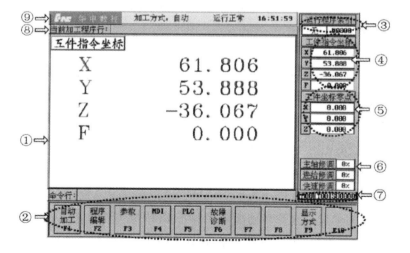

图 5-3　HNC-21M 的软件操作界面(编号与正文对应)

③ 运行程序索引：自动加工中的程序名和当前程序段行号。

④ 工件指令坐标。

（a）坐标系可在机床坐标系、工件坐标系、相对坐标系之间切换。

（b）显示值可在指令位置、实际位置、剩余进给、跟踪误差、负载电流、补偿值之间切换。

⑤ 工件坐标零点：工件坐标零点是在机床坐标系下的坐标。

⑥ 倍率修调。

（a）主轴修调：当前主轴修调倍率。

（b）进给修调：当前进给修调倍率。

（c）快速修调：当前快进修调倍率。

⑦ 辅助功能：自动加工中的 M、S、T 代码。

⑧ 当前加工程序行：当前正在或将要加工的程序段。

⑨ 当前工作方式、系统运行状态及系统时钟。

（a）工作方式：根据机床控制面板上相应按键的状态可在自动（运行）、单段（运行）、手动（运行）、增量（运行）、回零、急停、复位等之间切换。

（b）运行状态：系统工作状态在"运行正常"和"出错"间切换。

（c）系统时钟：当前系统时间。

操作界面中最重要的部分是菜单命令条。

系统功能的操作主要通过菜单命令条中的功能键 F1～F10 来完成。由于每个功能包括不同的操作，菜单采用层次结构，即在主菜单下选择一个菜单项后，数控装置会显示该功能下的子菜单，用户可根据该子菜单的内容选择所需的操作，如图 5-4 所示。

当要返回主菜单时，按 F10 键即可。

2．显示界面

在一般情况下（除编辑功能子菜单外），按 F9 键将弹出显示方式菜单。在显示方式菜单下，可以选择显示模式、显示值、显示坐标系、图形显示参数等。

1）主显示窗口

HNC-21M 的主显示窗口如图 5-5 所示。

2）显示模式

HNC-21M 的主显示窗口共有 8 种显示模式可供选择。

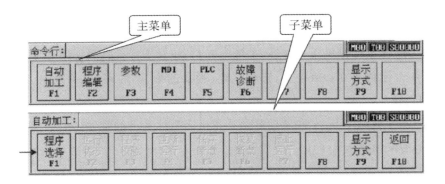

图 5-4　主菜单和子菜单

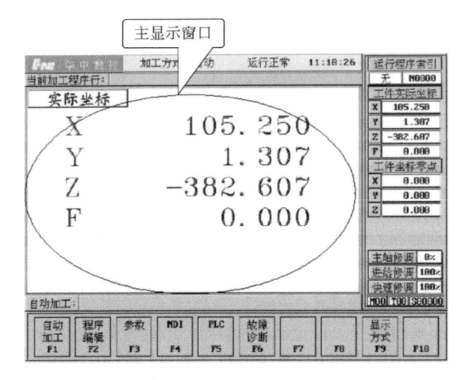

图 5-5　主显示窗口

（1）正文：当前加工的 G 代码程序。

（2）大字符：由"显示值"菜单所选显示值的大字符。

（3）三维图形：当前刀具轨迹的三维图形。

（4）XY 平面图形：刀具轨迹在 XY 平面上的投影（俯视图）。

（5）YZ 平面图形：刀具轨迹在 YZ 平面上的投影（主视图）。

（6）ZX 平面图形：刀具轨迹在 ZX 平面上的投影（侧视图）。

（7）图形联合显示：刀具轨迹的所有三视图及正则视图。

（8）坐标值联合显示：指令坐标、实际坐标、剩余进给。

3）运行状态显示

在自动运行过程中，可以查看刀具的有关参数或程序运行中变量的状态，操作步骤如下：

（1）在自动加工子菜单下，按 F2 键，弹出如图 5-6 所示的运行状态菜单。

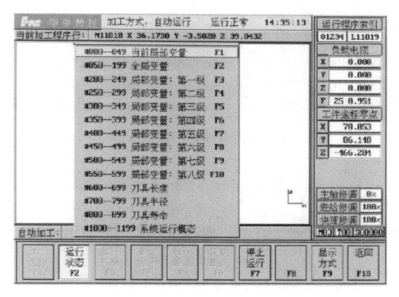

图 5-6　运行状态菜单

（2）用▲、▼键选中其中某一选项，如"系统运行模态"。

（3）按 Enter 键，弹出如图 5-7 所示的窗口。

（4）用▲、▼、Pgup、Pgdn 键可以查看每一子项的值。

（5）按 Esc 键取消查看。

4）PLC 状态显示

在图 5-3 所示的软件操作界面下，按 F5 键进入 PLC 功能子菜单，命令行与菜单条的显示如图 5-8 所示。

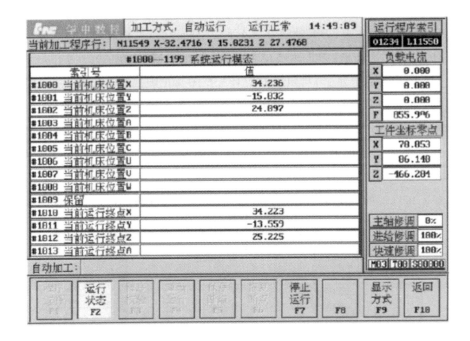

图 5-7　系统运行模态

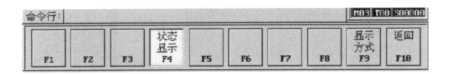

图 5-8　PLC 功能子菜单

在 PLC 功能子菜单下,可以动态显示 PLC(PMC)状态,操作步骤如下:

(1) 在 PLC 功能子菜单下,按 F4 键,弹出如图 5-9 所示的 PLC 状态显示菜单;

(2) 用▲、▼键选择所要查看的 PLC 状态类型;

(3) 按 Enter 键,将在图形显示窗口显示相应的 PLC 状态;

(4) 按 Pgup、Pgdn 键进行翻页浏览,按 Esc 键退出状态显示。

共有 8 种 PLC 状态可供选择,各 PLC 状态的意义如下:

(1) 机床输入到 PMC:X　PMC 输入状态显示;

(2) PMC 输出到机床:Y　PMC 输出状态显示;

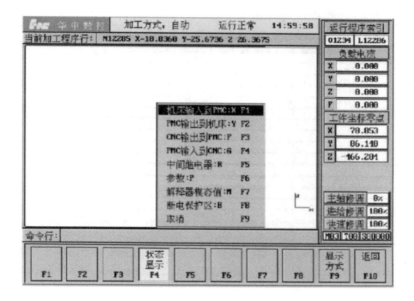

图 5-9 PLC 状态显示菜单

（3）CNC 输出到 PMC:F　CNC→PMC 状态显示；

（4）PMC 输入到 CNC:G　PMC→CNC 状态显示；

（5）中间继电器:R　中间继电器状态显示；

（6）参数:P　PMC 用户参数的状态显示；

（7）解释器模态值:M　解释器模态值显示；

（8）断电保护区:B　断电保护数据显示。

断电保护区除了能显示外,还能进行编辑：

（1）在 PLC 状态显示菜单(见图 5-9)下,选择断电保护区选项；

（2）按 Enter 键,将在图形显示窗口显示如图 5-10 所示的断电保护区状态；

（3）按 Pgup、Pgdn、▲、▼键移动蓝色亮条到想要编辑的选项上；

（4）按 Enter 键即可看见一闪烁的光标,此时可用 ＊、1、BS、Delete 键移动光标对此项进行编辑,按 Esc 键将取消编辑,当前选项保持原值不变；

（5）按 Enter 键将确认修改的值；

（6）按 Esc 键退出断电保护区编辑状态。

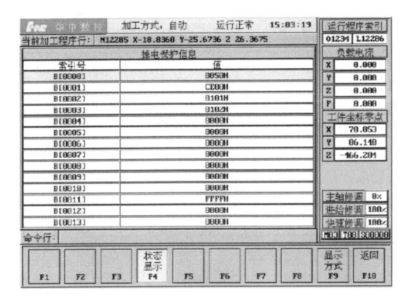

图 5-10　断电保护区状态

3. 基本操作

1）上电

（1）检查机床状态是否正常；

（2）检查电源电压是否符合要求，接线是否正确；

（3）按下"急停"按钮；

（4）机床上电；

（5）数控上电；

（6）检查风扇电机运转是否正常；

（7）检查面板上的指示灯是否正常。

接通数控装置电源后，HNC-21M 自动运行系统软件。此时液晶显示屏显示系统上电界面（软件操作界面），加工方式为"急停"。

2）复位系统

上电进入软件操作界面时，系统的加工方式为"急停"，为控制系统运行，需左旋并拔起操作台右上角的"急停"按钮使系统复位，并接通伺服电源。系统默认进入"回参考点"方式，软件操作界面的工作方式变为"回零"。

3）返回机床参考点

控制机床运动的前提是建立机床坐标系，为此，系统接通电源、复位后首先应进行机床各轴回参考点操作。

方法如下：

（1）如果系统显示的当前工作方式不是回零方式，按一下控制面板上面的"回零"按键，确保系统处于"回零"方式。

（2）根据 X 轴机床参数在"回参考点方向"按一下"X＋"（"回参考点方向"为"＋"）按键或"X－"（"回参考点方向"为"－"）按键，X 轴回到参考点后，"X＋"或"X－"按键内的指示灯亮。

（3）用同样的方法使用"Y＋""Y－""Z＋""Z－""4TH＋""4TH－"按键可以使 Y 轴、Z 轴、4TH 轴回参考点。所有轴回参考点后，即建立了机床坐标系。

4）急停

机床运行过程中，在危险或紧急情况下，按下"急停"按钮，CNC 即进入急停状态，伺服进给及主轴运转立即停止工作（控制柜内的进给驱动电源被切断）；松开"急停"按钮（左旋此按钮，自动跳起），CNC 进入复位状态。

解除紧急停止前，先确认故障原因是否排除，且紧急停止解除后应重新执行回参考点操作，以确保坐标位置的正确性。

注意：在上电和关机之前应按下"急停"按钮以减少设备的电冲击。

5）超程解除

在伺服轴行程的两端各有一个极限开关，作用是防止伺服机构因碰撞而损坏。每当伺服机构碰到行程极限开关时就会出现超程。当某轴出现超程（"超程解除"按键内的指示灯亮）时，系统视其状况启动紧急停止，若要退出超程状态，必须：

（1）松开"急停"按钮，置工作方式为"手动"或"手摇"方式；

（2）一直按压着"超程解除"按键（控制器会暂时忽略超程的紧急情况）；

（3）在手动（手摇）方式下，使该轴向相反方向退出超程状态；

（4）松开"超程解除"按键。

若运行状态栏中的"出错"变为了"运行正常"，表示系统恢复正常，可以继续操作。

注意：在操作机床退出超程状态时请务必注意移动方向及移动速率，以免发生撞机。

6）关机

（1）按下操作台右上角的"急停"按钮,断开伺服电源;

（2）断开数控电源;

（3）断开机床电源。

4. 机床手动操作

机床手动操作主要由 MPG 手持单元(见图 5-2)和机床控制面板共同完成,机床控制面板如图 5-11 所示。

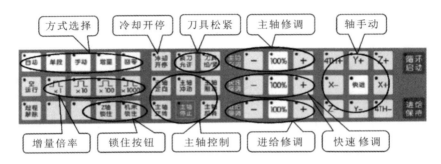

图 5-11　机床控制面板

1）坐标轴移动

手动移动机床坐标轴的操作由手持单元和机床控制面板上的方式选择、轴手动、增量倍率、进给修调、快速修调等按键共同完成。

（1）点动进给。

按一下"手动"按键(指示灯亮),系统处于点动运行方式,可点动移动机床坐标轴(下面以点动移动 X 轴为例说明):

① 按压"X＋"或"X－"按键(指示灯亮),X 轴将产生正向或负向的连续移动;

② 松开"X＋"或"X－"按键(指示灯灭),X 轴方向的移动会减速停止。

用同样的操作方法使用"Y＋""Y－""Z＋""Z－""4TH＋""4TH－"按键,可以使 Y 轴、Z 轴、4TH 轴产生正向或负向的连续移动。同时按压多个方向的轴手动按键,每次能手动连续移动多个坐标轴。

（2）点动快速移动。

在点动进给时,若同时按压"快进"按键,则产生相应轴的正向或负向的快速移动。

(3)点动进给速度选择。

在点动进给时,进给速度为系统参数"最高快移速度"的 1/3 乘以进给修调选择的进给倍率。点动快速移动的速度为系统参数"最高快移速度"乘以快速修调选择的快移倍率。

按压进给修调或快速修调右侧的"100%"按键(指示灯亮),进给或快速修调倍率被置为 100%,按一下"+"按键,修调倍率递增 5%,按一下"一"按键,修调倍率递减 5%。

(4)增量进给。

当手持单元的坐标轴选择波段开关置于"Off"挡时,按一下控制面板上的"增量"按键(指示灯亮),系统处于增量进给方式,可增量移动机床坐标轴(下面以增量进给 X 轴为例说明):

① 按一下"X+"或"X一"按键(指示灯亮),X 轴将向正向或负向移动一个增量值;

② 再按一下"X+"或"X一"按键,X 轴将向正向或负向继续移动一个增量值。

用同样的操作方法使用"Y+""Y一""Z+""Z一""4TH+""4TH一"按键,可以使 Y 轴、Z 轴、4TH 轴向正向或负向移动一个增量值。同时按下多个方向的轴手动按键,每次能增量进给多个坐标轴。

(5)增量值选择。

增量进给的增量值由"×1""×10""×100""×1000"4 个增量倍率按键控制。增量倍率按键和增量值的对应关系如表 5-1 所示。

表 5-1　增量倍率按键和增量值的对应关系

增量倍率按键	×1	×10	×100	×1000
增量值/mm	0.001	0.01	0.1	1

注意:增量倍率按键互锁,即按下其中一个(指示灯亮),其余几个会失效(指示灯灭)。

(6)手摇进给。

当手持单元的坐标轴选择波段开关置于"X""Y""Z""4TH"挡时,按一下控

制面板上的"增量"按键(指示灯亮),系统处于手摇进给方式,可手摇进给机床坐标轴(以 X 轴为例):

① 手持单元的坐标轴选择波段开关置于"X"挡;

② 旋转手摇脉冲发生器,可控制 X 轴的正、负向运动;

③ 顺时针/逆时针旋转手摇脉冲发生器一格,X 轴将正向或负向移动一个增量值。用同样的操作方法使用 MPG 手持单元,可以使 Y 轴、Z 轴、4TH 轴正向或负向移动一个增量值。手摇进给方式每次只能增量进给 1 个坐标轴。

(7)手摇倍率选择。

手摇进给的增量值(手摇脉冲发生器每转一格的移动量)由 MPG 手持单元的增量倍率波段开关"×1""×10""×100"控制。增量倍率波段开关的位置和增量值的对应关系如表 5-2 所示。

表 5-2　增量倍率波段开关的位置和增量值的对应关系

位置	×1	×10	×100
增量值/mm	0.001	0.01	0.1

2)主轴控制

主轴控制由机床控制面板上的主轴控制按键完成。

(1)主轴制动　在手动方式下,主轴处于停止状态时,按一下"主轴制动"按键(指示灯亮),主电机被锁定在当前位置。

(2)主轴正反转及停止　在手动方式下,当"主轴制动"按键无效时(指示灯灭):①按一下"主轴正转"按键(指示灯亮),主电机以机床参数设定的转速正转;②按一下"主轴反转"按键(指示灯亮),主电机以机床参数设定的转速反转;③按一下"主轴停止"按键(指示灯亮),主电机停止运转。

(3)主轴冲动　在手动方式下,当"主轴制动"按键无效时(指示灯灭),按一下"主轴冲动"按键(指示灯亮),主电机以机床参数设定的转速和时间转动一定的角度。

(4)主轴定向　如果机床上有换刀机构,通常就需要主轴定向功能,这是因为换刀时,主轴上的刀具必须定位完成,否则会损坏刀具或刀爪。在手动方式下,当"主轴制动"无效时(指示灯灭),按一下"主轴定向"按键,主轴立即执行主轴定向功能,定向完成后,按键内的指示灯亮,主轴准确停止在某一固定位置。

（5）主轴速度修调。

主轴正转及反转的速度可通过主轴修调调节：按压主轴修调右侧的"100％"按键（指示灯亮），主轴修调倍率被置为 100％；按一下"＋"按键，主轴修调倍率递增 5％；按一下"－"按键，主轴修调倍率递减 5％。当机械齿轮换挡时，主轴速度不能修调。

3）机床锁住

机床锁住与 Z 轴锁住由机床控制面板上的"机床锁住"与"Z 轴锁住"按键完成。

（1）机床锁住　禁止机床的所有运动。在手动运行方式下，按一下"机床锁住"按键（指示灯亮），再进行手动操作，系统继续执行，显示屏上的坐标轴位置信息变化，但不输出伺服轴的移动指令，所以机床停止不动。

（2）Z 轴锁住　禁止进刀。在手动运行开始前，按一下"Z 轴锁住"按键（指示灯亮），那么在手动运行时，Z 轴坐标位置信息变化，但 Z 轴不运动。

5．其他手动操作

1）刀具夹紧与松开

在手动方式下，通过按"换刀允许"按键，刀具松/紧操作有效（指示灯亮）。按一下"刀具松/紧"按键，松开刀具（默认值为夹紧），再按一下"刀具松/紧"按键，夹紧刀具，如此循环。

2）冷却启动与停止

在手动方式下，按一下"冷却开停"按键，冷却液开（默认值为冷却液关），再按一下"冷却开停"按键，冷却液关，如此循环。

本书思考练习题

1. 现代数控机床由哪些部分组成？

2. 数控加工过程中的数据是如何转换的？

3. 为什么要进行刀补处理？

4. 数控机床按照加工路线可以分为哪几种类型？各有什么特点？

5. 数控机床按照伺服控制系统可以分为哪几种类型？各有什么特点？

6. 什么是机床原点？

7. 什么是 M 指令？

8. 数控加工程序由哪几部分组成？

9. 工序详细设计分为哪几个步骤？

10. 使用数控机床进行零件加工，一般包括哪几个过程？

11. 数控车床有哪些分类方法？请详细说明。

12. 直线插补功能指的是什么？圆弧插补功能指的是什么？

13. 简述数控铣床的分类和加工特点。

参 考 文 献

[1] 王志海,舒敬萍,马晋.机械制造工程实训及创新教育教程[M].北京:清华大学出版社,2018.

[2] 史晓亮,舒敬萍,彭兆.机械制造工程实训及创新教程[M].北京:清华大学出版社,2020.

[3] 严育才,张福润,段明忠,等.数控技术[M].3 版.北京:清华大学出版社,2022.

[4] 李郝林,方键.机床数控技术[M].3 版.北京:机械工业出版社,2020.

[5] 裴旭明.现代机床数控技术[M].北京:机械工业出版社,2020.

[6] 周庆贵.数控技术[M].北京:北京大学出版社,2019.